朝日新聞記者
杉本裕明

環境犯罪

七つの事件簿《ファイル》から

風媒社

はじめに

戦後、日本で起きた最大、最悪の環境犯罪は水俣病事件だろう。熊本県水俣市にあるチッソ水俣工場から有機水銀を含む廃水が出され、蓄積した魚を食べた漁民をはじめとする大勢の人々が水俣病になった。産業界や通産省の妨害で原因の究明や対策が遅れたことから、新潟県の阿賀野川流域で昭和電工・鹿瀬工場の廃水による第二の水俣病が発生した。

チッソの場合は、元の社長と工場長が殺人容疑で告発され、最高裁で業務上過失致死傷の罪が確定した重大な企業犯罪でもある。

そのスケールや悪質さに濃淡はあるが、その後も廃水を海や川に垂れ流し、あるいは有害物質を大気中に放出させて環境を汚染するケースは跡を断たない。

近年問題になっている地下水汚染や土壌汚染もそうだ。

工場で使った化学物質のトリクロロエチレンなどが地下水や土壌を汚染し、井戸水が飲めなくなったりしている。国と自治体が把握する件数は近年うなぎのぼりで、一九九八年度に土壌の環境基準を超過した汚染事例は百件を超えた。しかし、これは最近になって汚染調査を行い報告する企業が増えたからで、現れた数字は氷山の一角にすぎない。汚染の実態はいまだ埋もれたままである。

一般になじみのある「環境犯罪」といえばごみの不法投棄だ。警察庁などの調べによると、一九九八年度の廃棄物の不法投棄件数は千二百七十三件、四十四万三千トンにのぼる。だが、これも国や自治体が乏しい予算と人員で把握し、立件できた数字に過ぎず、実際にはその数百倍、数千倍あると見られている。

産業廃棄物の不法投棄には暴力団や右翼もかかわっている。また、不法投棄で利益を得るだけでなく、処分場をつくる時に住民紛争が起こると、町や村に入り込んで産廃業者や反対住民を脅し、産廃を資金源にしようと暗躍している。

ここでは最近取材した七つの話を紹介したい。

岐阜県御嵩町で起きた町長宅の盗聴事件は、右翼と暴力団が産廃処分場の建設計画にどのように介入しているかを示す好例である。産廃問題を契機に、静かな町に街宣車が入り込んで困りはてた経験を持つ自治体が少なくない。同時に産廃業者にとってもやっかいな存在で、資金源の温床として狙われるケースが多い。産廃業者もこうした団体との不透明な関係は、今後厳しく問われよう。

環境庁による水俣病認定の裁決書隠し事件は、やるべきことをやらないまま、ずるずると先延ばしにしてしまう官僚の体質の一端を示した。官僚にもいろいろな人がいる。何とか救おうと考えた官僚はいたが、どうしたらやらないで済むか汲々とする組織に埋没した。その対極にあるものとして、新潟水俣病事件で活躍した新潟県の役人たちの動きを描いた。

和歌山県橋本市の産廃不法投棄によるダイオキシン汚染は、産廃業者と県の職員が癒着し、贈収賄事件に発展した。職員が業者に狙われ、どう絡めとられていったかをたどった。何も和歌山県に限ったことではない。多かれ少なかれ、産廃行政はこうした事業者を相手にしなければならず、抜け穴だらけの法の未整備もこうした事件を助長している。

医療廃棄物のフィリピンへの不法輸出事件は、かねてから心配されていた有害ごみの越境移動があぶり出された。法律の網をかいくぐる「ワル」たちの暗躍ぶりについてこれまでうわさがたえなかった。都会から田舎へ、そして先進国から途上国へと、安きに流れる産廃の構造を変えることは、循環型社会を目指す日本にとって急務である。

東芝の地下水汚染事件は、企業が住民や行政に情報を隠しつづけると、結局は高いつけを払わざるをえないことを示している。もちろんこの事件をきっかけに、東芝は社内の改革に取り組み、社会的責任も果たした。しかし、いまも全国各地で地下水汚染が発覚しては住民に突き上げられて企業が謝罪するというパターンが繰り返されている。

愛知県立旭丘高校の改築問題では、諫早湾の干拓事業と違って自治体の単独事業であり、見直してもだれも困るわけでもない。それなのに、いったん決めてしまえば何が起ころうと変えない行政の体質を示した。

諫早湾干潟に九〇年代から何度も訪れているが、潮受堤防の締め切り後の惨状に心が痛む。九〇年代最初のころ、何回かこの埋め立て事業を取りあげたことがあったが、ジャーナリズムは全体に低調で、問題は十分に認識されていなかったように思う。

二〇〇〇年暮れからの有明海でのノリの色落ち問題を契機に、水門の開放、そして干拓事業の見直し問題へと、事態は大きく進展した。漁民を守るはずの農水省が海の自然環境を破壊し、汚染し、漁民を窮地に追いやった点で象徴的な意味を持つ。なぜなら、農水省は水俣病事件の時に、漁民と漁場を守るという観点から企業に操業停止を求め、通産省に抵抗した歴史があるからだ。

それが、いま、自らの事業で漁民を苦しめる「環境犯罪」の実行者になっている。歴史の皮肉としかいいようがない。

私は、これらを「環境犯罪」と呼んでいるが、ここでは法律上の犯罪人だけではなく、環境を破壊する人々、あるいは環境をないがしろにする構造に加担している人々の行為も含めた。ごみの不法輸出をした産廃業者や橋本市の産廃業者は、廃棄物処理法などの法律に違反し処罰された点でまぎれもない「環境犯罪人」である。

けれど、程度の差こそあれ、「環境犯罪」を許す根っこには共通点がある。いくつかの話の中に四十年以上前に起きた水俣病事件のことをはさんだ。行政は何をすべきなのにしなかったのか、企業はどう行動すべきなのにやらなかったのか。私はこうした点を水俣病事件から教えられた。それがいまもちっとも古くないことをみなさんも感じ取られることだろう。ＨＩＶ事件、雪印乳業の食中毒事件、三菱自動車工業のリコール隠し……。日本社会では、同じことが毎日のように繰り返されているのだから。

環境犯罪　目次

File.1

右翼・暴力団が暗躍

——御嵩町長宅盗聴事件

中坊弁護士からの電話

「御嵩町の産廃問題は大変な話です。一刻も早く裁判資料を送って下さい」

甲高い大きな声が受話器から響いた。

町長襲撃事件から約四年たった二〇〇〇年三月。岐阜県御嵩町役場の町長室で、柳川喜郎町長が内閣特別顧問に就任した中坊公平と話をするのは久しぶりだった。中坊と柳川町長はお互い産廃問題に取り組む共通性から仲良くなった。

香川県豊島の不法投棄事件にかかわってきた中坊は、「豊島事件は民主主義の学校や」と常々語っていた。

柳川町長も町に降ってわいた産廃問題への対処方法を検討するなかで豊島を訪れ、産廃反対の住民運動から大きなものを得た。襲撃事件で大けがから回復すると、香川県の県議選に立候補し住民運動を続けてきた石井亨の応援演説を買って出た。中坊も現地入りした。二人は石井が当選する立役者だった。

中坊から電話をもらった年の初め、中坊が小渕恵三総理に頼まれ内閣特別顧問を引き受けたことについて、週刊誌からコメントを求める電話が町長にあった。期待する旨のコメントが掲載され、それを中坊が読んで電話をしてきたらしかった。

町長は、中坊宛に御嵩町の実情をしたためた手紙を送った。襲撃事件のこと、住民投票で産廃計画を凍結させたこと。町長宅の盗聴事件。産廃計画を進める寿和工業（本社・岐阜県可児市）が町長を相手に十二本もの訴訟を提起してきたこと……。そして、盗聴事件を起こした被告たちに、町長が賠償を求めて起こした民事訴訟の訴状を添えた。

手紙を読んだ中坊の反応は素速かった。

「小渕総理からブッチホンがあって次の選挙に出てほしいと言うのです。民主党にも同じようなことを言われているからと言って断ったんやが、総理は、『それならアドバイザーになってほしい』と言う。それで私は三つに絞った。金融再生、産廃絡みの環境問題、消費者問題。『これならやってもいい。お願いします』と言った。それで何から手をつけようと思っていた。あなたの訴状を読んで驚いた。盗聴事件に四千万円から一億円の金が動いているなんてとんでもない話や。第一弾は御嵩の産廃問題でいきましょう」

電話は一時間近くに及んだ。

中坊は、小渕総理に会ってこの話をした。小渕も「産廃はそんなにすさまじいのですか」と驚き、約四十分にわたり中坊の話に耳を傾けた。官邸の指示で、あっというまに厚生、環境二省庁の合同調査団が現地に派遣されることが決まった。

産廃を担当する厚生省の官僚たちは不快感を隠さなかった。余計な仕事を押しつけられたと感じた。「産廃処分場の建設計画でにっちもさっちもいかなくなっている柳川町長が中坊弁護士に泣きついたんだろう」と憶測する声もあった。

ほどなく御嵩町役場に厚生省から電話があった。横柄な口ぶりで、訪問日と時間を伝えると、ガチャンと切れた。「当日どう対応すればいいのか、何の話もなかった」

ある職員は言う。「『おまえらのおかげで行かなきゃならなくなったじゃないか』という、不満がありありだった」

三月二十七日、厚生省の塩田幸雄計画課長ら二省庁の担当者からなる調査団は、町を視察する前に、処分場計画を推進し町と対立している岐阜県を訪れた。

出迎えたのは、桑田宜典副知事と館正知岐阜大名誉教授である。

副知事は「法による施設許可に知事の裁量権が働くように県の自治事務とするよう要望したい」。館は「御嵩町に調整試案を出しているのに町から返答がいまだにないのは遺憾だ。試案をもとに国の精力的、建設的な議論を望む」と述べた。

館は県の廃棄物問題検討委員会の座長を務め、公的関与による産廃処分場計画を提案したことがある。調整試案とはこの案のことを指している。

寿和工業が町内で進めていた産廃処分場計画が住民投票で否定されそうになったころ、検討会と県は、計画地に県と寿和工業による第三セクター方式で処分場を造る計画を打ち上げた。町民が投票で産廃NO！の意思をはっきりさせると、とたんにしぼんでしまった。内容はともかく、住民投票をかく乱させかねないと町民から反発を買って、県はその後検討を中断させていた。

公衆衛生学が専門の館は、かつてイタイイタイ病が発生した時に、「鉱山の廃水が原因とは言えない」と論陣を張った人だ。それが環境庁や岐阜県に気に入られて梶原拓岐阜県知事の後援会の名誉顧問も務めた。審議会メンバーに迎えられ、行政に都合のいい結論を導いてくれると重宝されてきた。

午後、御嵩町役場についた一行に、柳川町長は、これまでの経過を説明するとともに、産廃予定地の小和沢地区を案内した。小和沢は町の南部にある奥深い山里で、オオタカも生息する豊かな自然をもつ地域である。その計画地のすぐそばを木曽川が流れる。

地図を広げながら、町長は「木曽川にこんなに近いんです。下流五百万人の飲み水を汚染の危険にさらすわけにはいきません」と熱っぽく語った。

寿和工業もその日、小渕総理宛に上申書を提出した。

「平成七年二月に当社と御嵩町で開発協定書が締結されたにもかかわらず、柳川町長の詭弁と偏見に基づく違法な『凍結』により現在まで手続きを停止させられております。何卒、厳正かつ公平な調査を実施いただき、一刻も早く開発が行える様、ご高配賜りますことを心よりお願い申し上げます。又、柳川町長襲撃、盗聴事件につきましては、あたかも当社が関与したかの如き報道が乱発され、誹謗中傷により大きな被害を被っております。何卒、襲撃事件の真相解明に付きましてもより一層の推進方併せてお願い申し上げます。尚、今回の調査団派遣に関する新聞報道によりますと、中坊公平先生は柳川町長の盗聴事件犯人グループに対する民事訴訟状を根拠にして本開発計画の背景に『闇の勢力』が介在しているとの所感を述べられたとのことでありますが、当社としては真に残念であります。当社は、未熟ながらも産業廃棄物処理業を社会的使命と信じ誇りを持って行ってまいりました。当社社員とその家族に対して偏見蔑視が日常的に加えられている現状には怒りを禁じ得ません」

土地の購入代金など数十億円を投資している同社にとって死活問題で、裁判で町と争ってもいた。

その後、厚生、環境の両省庁から町に、「国の基本的な考え方を二週間以内にまとめ、両事務次官が、知事に解決促進を求める」との回答があった。しかし、小渕が急死、森喜郎総理に代わり、中坊も特別顧問をやめると、官僚たちはこの問題をほっぽりだしてしまった。

事件のあらまし

すべてがうやむやになろうとするなか、中坊が驚いた「闇の勢力」とは何か。襲撃事件の裏で進行した盗聴事件に焦点を当てたい。

御嵩町の産業廃棄物計画をめぐる一連の問題は、町と業者・県・国・右翼・ブローカー・暴力団が入り乱れ、全国で発生している産廃問題のデパートの様相を示している。襲撃事件とその後の産廃計画を凍結させた住民投票のことはよく知られているが、その前の町長宅の盗聴事件のことはほとんど知られていない。

この事件の解明が襲撃事件を解決するカギになるとして、当時、朝日新聞も含め報道機関は、取材チームを作って捜査機関や右翼、暴力団関係者を取材した。しかし、盗聴事件と襲撃事件をつなぐ糸は見つからず、盗聴事件は判決の確定で終了した。

最近、私は、刑事記録を見る機会があった。岐阜地検で目を通してみて驚いた。朝日新聞記者と町長とのやりとりが盗聴され、当時、私を中心として進めていた産廃報道の方針や手順が盗聴グループの手に渡っていたのである。

襲撃事件を振り返ってみる。

「町長が暴漢に襲われた。大けがをしている」。ポケットベルで呼び出され、私が名古屋本社の社会部に駆けつけたのは一九九六年十月三十日の午後八時前だった。

名古屋市にある本社に戻ると、編集局のなかは多くの記者で騒然としていた。御嵩町に多数の記者が向かい、内容が入り始めた。けがの内容も「大したことない」から、「意識不明の重体」へ。再び、「一命は取りとめた」とくるくる代わった。

岐阜県警の初動捜査はずさんきわまりなかった。町長がテロにあったというのに緊急配備をかけて周囲を封鎖、検問態勢をとることさえせず、犯人グループをみすみす取り逃がしていた。

「これは産廃をめぐるトラブルに違いない」

襲撃事件の一報を受けた私は直感した。

この年の春、産廃問題をテーマとする連載で取材チームのまとめ役になり、私と町長とのつきあいが始まっていた。

事件が起きたのは午後六時すぎ。御嵩町中心部にあるTNKマンション四階の通路で、複数の男が柳川を襲った。バットのようなもので頭や腕を殴られた町長は、血だらけで向かいの住民に助けを求めた。

一一九番通報で駆けつけた救急隊員に救急車で町内の医院に運ばれ、さらに、県立多治見病院に移された。頭蓋骨が陥没骨折し、肋骨が三本折れて肺に突き刺さっていた。右腕は肩と肘の中間で真っ二つに折れていた。

人口二万人足らずの平和な町を揺るがせた町長襲撃事件はこうして起こった。地方自治体の住民の生命と安全を預かる首長が襲われた事件の衝撃はまたたく間に広がり、住民たちは公民館で町民集会を開き、「暴力に屈しない」との決意を示した。報道で知った全国の市民から、「暴力に負けるな」「民主主義を守れ」「町長がんばれ」と、激励する手紙やファクスが続々と届いた。

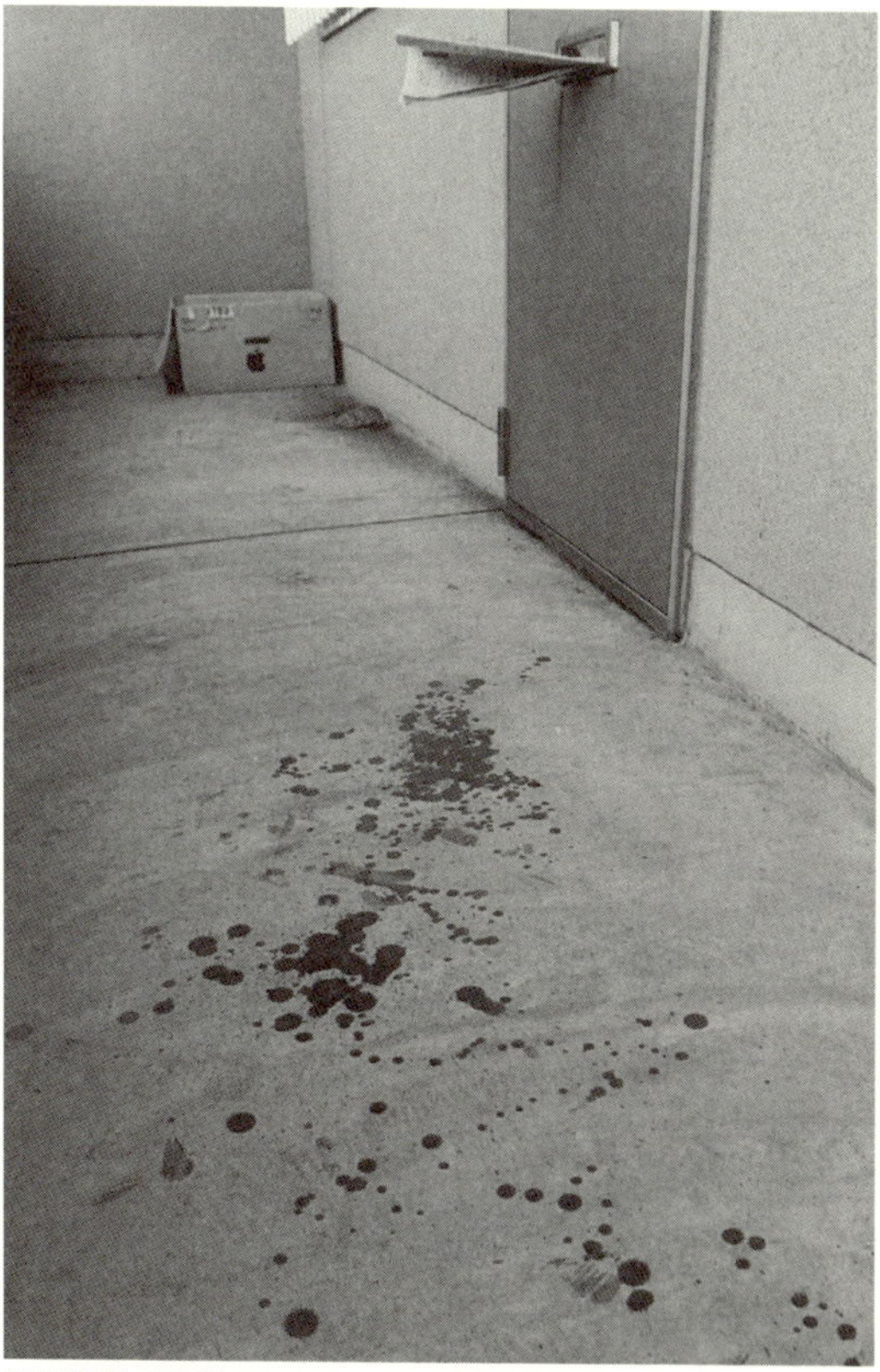

柳川町長が襲撃されたマンションの入り口

寿和工業が進める産廃計画をめぐって、右翼が街宣車を乗り回して町役場を訪れたり、住民集会をした集会所の前にウサギの死体が置かれたり、反対運動をする住民の家に嫌がらせの電話が頻繁にかかったりしていた。岐阜県や愛知県のブラック・ジャーナリズムが御嵩町や町長に対して誹謗中傷の限りを尽くしていた。

名古屋市から電車で一時間余り、ベッドタウンとなっている静かな町は騒然となった。しかし、可児警察署の動きは鈍い。その直前に起きた町長宅への電話盗聴事件でそのことが如実に現れていた。

町長と秘書がマンション四階の電話配線ボックスに盗聴用の発信器が仕掛けられているのを知ったのは十月二日。ところが、秘書が警察に連絡すると、応対した職員は、「NTTが休みなので月曜日にしたい」と確認にも来なかった。現場検証は二日後になった。

四日、警察とNTTが盗聴器を確認し、盗聴器を外してボックスを封印した。二十九日、町長がスズメの巣があるのを気にしてボックスに目をやると、封印したはずのシールがなくなっていた。

「だれがさわったのだろうか」

不安感にとらわれた町長は可児署にこのことを通報するが、やってきたのは翌三十日の午後三時になってからだった。

刑事が帰って間もなく、この場所で襲撃事件が起きた。

柳川町長は「事件が起きてから身辺警護などよくやってくれて感謝しているが、それまでの警察の対応は鈍かったと言わざるを得ない。盗聴器のことを指摘しているのだから迅速に対応してくれておれば、その後の展開はかなり違ったのではないか」と感想を漏らす。

一命をとりとめた町長は、十二月一日に退院した。町政に復帰してからも毎日リハビリで医院に通った。雨が降る日には骨をつなぐために鉄の棒を入れた右腕が痛んだ。

在日韓国人である寿和工業の清水正靖会長は、戦後間もなく御嵩町で亜炭の炭坑を経営し、それで財をなした。やがて寿和工業を設立し、いまでは全国の産廃処理会社で十本の指に入る大手に数えられている。

それがなぜ、「誹謗中傷」を会長が受けているのか。

盗聴犯は二グループ

九六年六月、盗聴グループが録音したテープに次のような会話が残されている。

町長「国土利用計画法による届け出書類で、資産保有だとか言うのはおかしい」

朝日新聞記者「わかりました……」

当時、私は、七月から始める産廃問題の連載企画の準備に忙しかった。寿和工業が行った国土利用計画法にもとづく許可申請手続きに不備があるという疑惑が浮上した。同社は申請する前に手付金としてかなりの現金を地主たちに支払い、産廃処分場建設を前提とした覚書を結んでいた。

にもかかわらず、申請書には「資産保有」と記入していた。同法は、売買が許可される以前の土地代金の授受を禁止しており、法律に抵触している可能性があった。

さきの町長とのやりとりは、覚書など内部資料を得た記者が、町長にそれを伝え、どう対応するのかを訪ねた時の会話である。

さらに、テープには、私がどういう方針で産廃報道をやろうとしているのかを町長に語った内容や、他の報道機関の記者との会話もあった。内容の一部は、盗聴事件に関与した人物から清水会長に伝えられた。

刑事記録や内部資料などをもとに盗聴事件を再現する。

元暴力団組員で名古屋で建設業に携わる水原龍吉が、名古屋市内の居酒屋で顔見知りの二人に会ったのは九五年十二月のことである。水原は二人と同じ中学出身で、御嵩町内で自営業を営んでいる。水原が賭博の容疑で逮捕された時には面会に行った仲だ。

二人は水原にこう持ちかけた。

「産廃計画に町長が反対していて困っている。女性問題や人種差別的発言がないかなどスキヤンダルをさがしてほしいんだ」

その見返りに自分たちが進めているダムの砂利採取の権利が認められ、会社を設立すれば役員として迎え入れる。毎月二、三百万円の給料を払うと約束した。

水原はその話にのった。

まずは、興信所の助けがいる。翌年三月、水原は名古屋市の探偵業者「中部総合調査」を訪ね、身辺調査を依頼した。

「過去から現在まで調べるのはかなり時間がかかるが、盗聴なら比較的早くできます」

町長宅の盗聴があっさり決まった。水原は「盗聴して女性のスキャンダルがあれば、その女性を調査してほしい」と念押しした。

探偵業者は、四月八日にマンションを訪れ、電話の配線ボックスに盗聴器を仕掛けた。マンションのそばに受信機と録音機をつけた小型バイクを置いて盗聴を始めた。盗聴は五月上旬まで続いた。

盗聴テープから、柳川町長が名古屋市に住むＮＨＫの関連会社社員と交際していることを知った。町長は妻を亡くし、その後、東京のＮＨＫでこの女性と知り合い、婚姻関係にあった。

業者は、町長が女性宅に電話をかけた時の通和音から電話番号を特定すると、大阪の業者に一万五千円を払って電話番号からＮＴＴに登録したこの女性の名前と住所、さらに実家の住所を知った。

名古屋市内のマンションに張り込んで、出てくる女性にレンズを向けたが、該当者は幾人もいる。そこで、知り合いのNHK名古屋放送局の職員に頼み、女性の容姿やポケットベルの番号を教えてもらい、撮影に成功したという。

NHK職員が本当に教えていたのなら盗聴事件に加担したことになる。町長になる前はNHKの解説委員だった柳川町長は「本当だとしたらとんでもない話だ」と憤るが、NHK名古屋放送局の広報部長は「供述が本当かどうかわからないし、だれかを確認する手段もない」と言葉を濁すだけである。

この盗聴テープと女性の身辺調査書は六月に水原の手に渡った。町長と役場職員との極秘の会話や、婚約した女性との会話、後援会の会長との相談ごとなどが事細かく録音されていた。

水原は百四十万円を業者に払った上で、調査を依頼してきたうちの一人に聞かせた。だが、「こちらも大変で、かかった費用はすぐには払えん」と断られた。

水原は、学校の先輩で町長を支持している別の自営業者に相談した。「これを持っていけば金になる」と助言されて行った先は、清水会長宅だった。

水原は、「寿和は絶対欲しがるから金になる。寿和も町長の弱みを握りたいはずなので一千万円ぐらい貸してくれるだろうと思った」と岐阜地検に供述している。

供述調書によると、次のようなやりとりがあったという。

「『実はこういうものがあります。いっぺん聞いてもらえんですか』と言って、聞かせた。会長はびっくりしたような顔をして聞いていたが、『わしは、このテープで町長側と話すつもりはない』と言った。そして、『町長と私との話し合いの場を作るように、その支持者に働きかけてほしい』と言われた」

水原が約束し、一千万円の融資を申し込むと、会長はなぜか二千万円の融資を約束した。九月中旬にも会長と会い、さらに二千万円の融資を受けた。計四千万円の巨額の金が水原に転がり込んだのである。

申込金の二倍払う

これについて、清水会長はこう供述している。

「私どもの会社は県から許可をもらって初めて産廃処理場の建設ができる。町長の産廃反対意見を変えさせるために、盗聴テープを使って町長を脅してそのことが発覚した場合、本来なら降りる許可も降りないことは一目瞭然だったのでテープを買うなどは論外だった。私は一本目のテープを再生している途中で再生をやめさせ、『こんなテープは使えん』と頭ごなしに言いました」

　では、一千万円の融資を申し込まれてなぜ、二千万円も貸したのか。

「一千万円貸してくれという人にわざわざ二千万円貸すというのは、私の性格からしてあまり考えられないが、産廃処理場の建設に向けてすでに何十億円という投資をしていたので、建設できるならば一千万円も二千万円もそう変わらないという感覚で貸したかもしれない。（二回目の二千万円の融資は）水原さんはこの時も一千万円の借金を申し込み、私の方で気前よく上乗せして貸してやると言ったのかもしれません」

　何とも不可解だ。

　寿和工業の帳簿のコピーを見ると、この金は仮払金として処理されている。「融資」ではないし、その後、同社が返済を求めた事実もないのである。

　さらに盗聴事件には町長の支持者もかかわっていたからいっそう複雑だ。この支持者は水原の学校の先輩に当たり、債権取り立ての過程で水原から盗聴のことを知ると、テープや調査報告書を借りることに成功した。

　八月、町長室を訪ねるとこう言った。

「（女性とのことを指して）町長もやるもんやな。やっぱり、町長のところの電話が盗聴されとったぞ」

驚く町長に、その支持者は、「これかのう」と言って、袋から録音テープを出すしぐさをした。

数日後の夜。その支持者が町長の自宅を訪れた。知人から借りてきたという録音テープを聞かせ、さらに十枚もの調査報告書を見せた。町長が見ると、通行中の彼女の写真、NHK名古屋放送局の建物の写真、実家の住所と家族の名前までが調べ上げられていた。

「盗聴は犯罪だ。警察に届ける」

迫る町長に支持者は右手を上下に振った。

「町長、まあ、まあ」

この支持者は、町長が出馬した時に擁立に向けて動いた一人ではあった。だが、他の支持者たちは、「何が目的で近づいているのかわからない」と不信感を抱き、「町長室に入れてはいけない」と町長に忠告する人もいた。

水原も「（選挙で）町長を担ぎ出したのは、町長から町の情報を仕入れたり、町の仕事をもらったりして町長を操り、自分の利益を得ようとしているとしか思えなかった」と供述している。

町長も、この支持者に強い不信感を抱きながらも、この背景には右翼や暴力団がいるのではないか、女性の身に危険が及ばないか、警察に届けてもすぐに犯人グループを捕まえてくれるのか、と、不安を募らせ、強い行動にでることをためらった。

一人で苦しむ日が続いた。

いずれにしても産廃計画をめぐって利害関係が複雑に絡みあうなかで、それを金儲けや仕事に利用しようとする人間が動き回った。右翼や暴力団関係者を巻き込みながら、事件は複雑な弧を描いた。

襲撃事件のあと、水原は関係者とともに電気通信事業法違反容疑で逮捕され、九七年十一月、岐阜地方裁判所で懲役十月執行猶予三年の判決が下された。

ところが、盗聴事件はこれだけではなかったのである。

右翼団体も盗聴

名古屋にある「日本同盟愛知県本部」の末岡征人本部長ら五人が、街宣車三台で町役場に乗り込んだのは九四年六月二十一日のことである。

この日は議会の一般質問があった。特攻服に身を固めた五人は議会を傍聴した後、町幹部に面会を求めた。応対した助役らに、町が受け入れた産廃計画に反対だと述べた。

「産廃処分場から公害発生の危険がある。町内から反対の声も届けられている。埋め立て地にゴムシートを敷いても将来破れて汚水が地下水に浸透するのではないか」と疑問をぶつけ、「反対の意見があるが、調査して反対が多ければ、我々は反対運動を展開する」と息巻いた。

当時、町は前町長のもと、当初の建設反対の立場から容認に転じていた。その動きを知ってやってきたのだった。二日後にも来ると、「反対のために二百台から三百台の街宣車を動員することもできる」とすごんだ。

資金の獲得が目的の右翼団体は、業者の懐をあてにして、押したり引いたりしながら寿和工業に自分をどう高く買わせるか、思案していた。

今度は寿和工業に向かった。

末岡本部長と暴力団稲川会の組員が寿和工業を訪れた。「寿和が悪いことをしているので日本同盟愛知県本部が調べている」。末岡が去った後、暴力団組員は会長に迫った。

「末岡と五千万円で話をつけたので金を出してくれ」

同社の総勘定元帳の写しを見ると、六月二十八日に五千三百万円がこの暴力団員に支払われている。領収書には「(五千万円は) 末岡に払った金額である」と書かれていた。

部下だった向井幹人の供述によればこうだ。

「右翼団体が調査と称して乗り込んでいけば、産廃処分場建設を目指す業者としては、右翼に妨害されたくないと困って金を払うと考えていた。町役場へ行って話を聞いたり、特攻服姿で議会を傍聴するなどして圧力をかけた。しかし間もない時期に方針が百八十度転換、寿和工業を擁護する立場に変わった。末岡と清水会長の間で話がつき、お互いに協力していこうという話になった。私が見る限り、二人は非常に気があったという様子だった」

「産廃処分場計画は、大規模なプロジェクトなので、関係を作っておけば建設工事や完成後の事業に知り合いの業者を入れてもらって仲介料をもらうなどいろいろな形で利権に絡むことができる。そのために産廃には右翼や暴力団が常につきまとっている。私たちとしてはこのように合法的なしのぎが得られ、将来にわたっていろいろな形で長期的資金が得られる。私たちは寿和工業にスポンサーになってもらったと理解していた」

九五年五月、末岡が病死した。その前に病院に入院していた末岡を清水会長が見舞ったことがあった。末岡は、「おれの後は向井が引き継ぐので面倒見てやってくれ。借金も八千万円から一億円ぐらいあるのでよろしく頼む。これからは司政会議（暴力団弘道会の外郭団体）もバックアップする」と語った。

町長追い落としのための画策

末岡が亡くなると、本部長に向井が就任した。

五千万円を清水会長から受け取った向井はそれを会の借金返済などに充てた。その後も清水会長を訪ねるたびに数十万円から百万円の現金を小遣いとしてせびった。

盗聴の話が浮上したのはそのころだ。向井は、「産廃に反対している町長のスキャンダルをつかみ、社会的に抹殺するのがいい」と考えた。

女性を町長にあてがい関係をもたせて脅せないかと思案した。知り合いの十七歳の娘に目をつけた。言葉遣いを直させ、美容院に行かせて二十代のふりをさせた。町長の行く飲食店を探し、出会わせようと考えた。しかし、別の容疑で向井は逮捕されて計画はとん挫、娘は田舎に帰される。

九六年六月。向井は別の右翼の紹介で探偵業者に接触した。二週間で五十万円の報酬を払うことが決まり、作業は別の探偵が請け負った。

六月二十日、マンションの配線ボックスに発信器を設置し、一階の自転車置き場に受信装置をつけた自転車を置いた。

またしても町長と女性との会話の盗聴に成功した。調査会社の社長と向井は、「町長とつきあっている女を自殺に追い込めばスキャンダルになる」などと話した。

向井の供述だと、そのころ清水会長から相談の電話があった。

「町長の自宅の電話を盗聴したテープを売り込みにきた男がいる。女がいると言っている。

町長を脅して産廃計画に協力させようなどと言っている。どうしようか」

同じことをしているグループが別にいた。向井は驚きを隠せなかった。そして、こう見えを張った。

「会長、そんなテープ買うことないです。女がいることぐらいこっちでわかってます。こっちでは未成年の女を町長に抱かせようと考えています」

向井は、盗聴テープから、朝日新聞が産廃処分場の許可申請の前に寿和工業が住民に一千万円ずつ払っていたことを報道しそうだと知ると、清水会長のもとに走った。

「新聞に出るようですが大丈夫ですか」

会長は、「それは貸し付けにしてあるので国土法違反にならないので大丈夫や」と答えた。

資金繰りに困り、次第にテープ代金が払えなくなり、七月、清水会長に「三百万円都合してもらいたい」と泣きついた。その夕刻。向井は、寿和工業社員で御嵩町議員の鈴木元八から二百万円を受け取り、領収書に「政治結社天佑政風会」と記入した。

向井はこの月、名古屋市役所にごみをまき散らした事件で愛知県警に逮捕され拘留されたが、その間も盗聴は続けられ、残りの百万円、さらに夏には五百万円がこの団体に渡された。

保釈された向井本部長が清水会長を訪ねると、会長はこういったという。

「大事な時にパクられてしまってこっちも困ったわ」

寿和工業が産廃処分場を造ろうとした小和沢地区

汚名を挽回する必要があった。

向井は十月下旬、司政会議の組員に「クロロホルムを嗅がせて拉致し、シャブでも打って素っ裸にして（名古屋の）金山駅に放り出してやろうか」と相談した。翌日、組員が「ブラジル人が五千万円か一億円ならさらってもいいと言っている」と返事をしてきたが、結局、この話は立ち消えになったという。

そして十月三十日に襲撃事件が起きた。

その後、電気通信事業法違反容疑などで逮捕された向井は九九年二月、岐阜地裁で懲役一年八月の実刑判決を受けた。向井は、別に寿和工業から土地取引に関して三千万円をだまし取ったとして詐欺容疑でも逮捕された。

「清水会長が納得しない場合は、最後に開き直って寿和工業からもらった金の流れを書いたメモを会長に示して、寿和と自分の関係を暴露するとか、寿和に頼まれて盗聴をしたと言って、会長に迫るつもりだった」と供述している。

毅然とした態度を

岐阜地検は、寿和工業と盗聴事件の関連について清水会長にこう質している。

検事「末岡が施設建設のために働くという話がないのであれば（暴力団系の別の右翼を）紹介してもらったり、再度五千万円もの大金を出したりする必要はないのではないか」

会長「そんなことはありません。末岡が建設を妨害するのを恐れて再度五千万円を出すことにしたにすぎません」

検事「向井が計画推進のために働くという話がないのなら、小遣いをやり、多額の金を出してやる必要はないのではないか」

会長「そんなことはありません。私は向井を怒らせて建設を妨害されるのを恐れて、小遣いをやったり、数千万円単位の金を出してやったりしただけです」

真実はどうだったのかはわからない。ただ、同社は、理由はともあれ、暴力団・右翼関係者とつきあってきたことは確かである。

清水会長は九八年十月、上申書を出した。そこで一九二二年に韓国で生まれた会長が、食べ物にもこと欠く極貧生活と差別を跳ね返し、やがて会社を興し、りっぱな会社に育てるまでの半生を綴った。「この襲撃事件によって九九％完成していた御嵩開発計画が大きく遅れることになりました。町長、反対派、マスコミのすべてが私が事件に関与していたかのごとく発言をしていますが、私は全く無関係であります」と結んだ。

けれども、「（金をくれなければ）開き直って迫るつもりだった」と向井が言うように、過去のしがらみを清算することなしには、「闇の世界」はいつまでも続く。

産廃は金のなる樹だ。計画がもめると右翼や得体の知れないブローカーが町に入り、揺さぶりをかける。最初、産廃に反対して産廃業者から金を巻き上げると、今度は賛成派に転じる。業者も毅然とした態度をとらず、金を払って他の右翼の介入を防ぎ、用心棒的な役割を頼みにすることもある。

いま、息子の清水道雄社長は、「いまは右翼などとの関係は一切ありません」と胸を張る。同社幹部も「産廃反対運動が起こると、右翼や暴力団がやってきてその圧力は大変なものだった。だれも助けてくれず、私たちこそ被害者だった」と話す。

蜜にたかる闇の勢力

御嵩町をめぐっては、この右翼団体だけではなかった。蜜をかぎつけた別の団体も割り込んできた。

「地域改善対策研究所」を名乗る四人が町役場に来たのは九五年十二月六日だった。助役と町長の秘書らが応対した。研究所を岐阜に設立したとのあいさつを口実に、次のようなやりとりがあった。

「我々の研究所は九二年に発足し、人権と環境を中心に研究している。最近、地元から数人が相談にきた」

「行政との懇談会をしたい。我々はどちらの見方をするというわけではないが、我々の中では、東京、大阪、御嵩が問題になっている」

「町長はどういう理由で産廃に反対しているのか。ジャーナリストあがりだからなのか」

最初は穏やかだが、次第に脅しに変わる。

「業者の申請が不備ならいいが、それがないなら県に上げるべきだ。公私混同がはなはだしい。職員はそれぞれのポジションでえらい目にあうぞ」

「御嵩町だけの問題ではなくなっている。我々は下水道事業団ともかかわりがある。へたな対応をしたら大問題になる」

「突っ込まれるようなことをあえてするな。職員、町民にとって不幸だ」

そしてこうしめくくった。

「今回の凍結で止まっている書類を県に回して欲しい。反対なら反対でよい。町が申請書類を凍結し続けるなら、役場にきて調べる。職員もノイローゼになる。それに全国大会を役場でやることも考える」

応対した職員の一人は、「平和で静かな町に右翼や同和団体を名乗る連中が入ってきては脅された。嫌がらせの電話や中傷ビラをまかれたこともある。子どもや家族に危害を加えられないかと、そればかりが心配だった」と振り返る。訪問や嫌がらせに役場の職員の心労は大きかった。

彼らは、翌年二月には岐阜県庁を訪ね、県の産廃担当者と会った。そのやりとりをリポートにしたため、関係者に送った。

三人と県産廃係長とのやりとりが記されている。

Q「法的に見て御嵩町は計画を凍結できますか。これはすなわち憲法違反だ」

A「言われる通りであります。御嵩町が勝手に申し出ているものであり、県として着実に認

「盗聴に加わった連中の責任をとことん追及したい」と追及を緩めない柳川御嵩町長

可に向かって処理を行っております」

Q「事業者側の提出した書類に不備はありますか」

A「まったく不備はありません」

このやりとりの末尾には係長が、彼らに情報提供を頼んだり、解決策がないかを尋ねたりしている場面がある。

そして、「最後に一言、K社長（暴力団組員）＝即ち寿和工業＝の腹が決まれば即日解決の道はひとつあります。これは私ども独自の手法であります。これによって町長以下助役も職を辞することになります。これは秘策の秘策です。必要あれば申し出てください」と書かれている。

また、別の報告書（十二枚）は、「柳川喜郎氏について出身大学・同窓生・ＮＨＫの先輩等に直接面談して調査を行いました」として町長を紹介し、町役場を訪問したときのやりとりを書いている。この報告書をまとめた人物は、朝日新聞の取材に対し「産廃はものすごくもうかる。だから右翼や暴力団が業者にむらがり、業者も彼らに頼っている。われわれはブローカーとして問題解決をしてやっているのだ」と話した。

襲撃事件からの奇跡の生還、住民投票。そして選挙で再選された柳川町長は、婚姻関係のあった女性と無事結婚し、いまでは平和な家庭を築いている。産廃計画の賛否を問う住民投票は、その後、宮城県白石市や千葉県海上町などでも実施された。御嵩町が中心となって約四十市町村で産廃連絡会をつくり、勉強会を開いたりして国に実情を訴えている。

柳川町長は言う。

「自宅のプライベートな会話を盗聴され、大変な思いをした。いまも襲撃事件は解明されないままで、産廃計画もなくなったわけではない。『闇の世界』をなくさないと、産廃は地域に受け入れられないだろう」

不法投棄追及に中傷ビラ

「今大地は議バッジをはずせっ！」

ハンドマイクをもった婦人を先頭に約四十人の集団ががなりながらデモ行進を続けた。

二〇〇〇年九月、福井県敦賀市の商店街の一角にバスが着いた。出てきたのは同和団体を名のる鉢巻きをした婦人たちだった。

今大地晴美市会議員（無所属）の自宅の回りを行進し、「万一反省の色なき場合、大鉄槌を下す所存である」と書いたビラをまいた。

「今大地晴美議員糾弾、被差別民の職を奪うな！　崇仁・協議会　川村真吾郎」とするビラはこう書かれていた。

「協議会は、同和差別の撤廃と就労機会の創造を希求する運動団体である。己が私利私欲を満たすが為に自然保護を錦の御旗に国家権力と癒着、職権を濫用し行政を恫喝するとは何事か。貴職には、被差別民が正業に就くことの難しさを、そして正業を持たぬが故に貧しさ故に不当に差別される心の痛みを理解できるのか。己一人が清く正しく美しければ日本国中に産業の糞、産廃が溢れかえってもよいのか。きれいごとですべてが収まるというのか。美談の裏側に隠された醜き真実とは何か。我ら身命を賭して虚言妄説で塗り固められた虚構を暴き、人面夜叉議員今大地の悪辣なる企みに大鉄槌を下さんことを誓う」

一行は、さらに北條正市会議員の勤めていた日本原子力発電の敦賀地区本部に向かい、議員と同社を中傷するビラをまいた。

今大地議員と北條議員は、市内にある産廃処分場、キンキクリーンセンター（板谷治彦社長）を追及している。この業者に最近、この自称同和団体が融資を行ったことから、「社会問題化して資金を回収できないと困ると攻撃してきたのではないか」、と今大地議員は推測する。

同社の処分場は八七年に六・三万立方メートルの埋め立て許可量で開業したが、その後、県の許可を得ないまま何回も拡張工事を行い、当初許可された量の十三倍の百十九万立方メートルを埋め立てていたことが発覚した。県も途中からこれを知ったが見て見ぬふりをした。発覚すると、データの提供を求める市や市議団に、「民間企業のデータはプライバシー」と提供を拒否した。さらに、「いまやめさせると業者が倒産するので、さらに拡幅を認め、それで得た資金で水質の管理などをさせたい。厚生省の了解も得ている」と説明した。

しかし、国会議員らが追及の構えを見せると、厚生省は「明確な法律違反」とこれまでの姿勢を一変、県もその後、操業停止処分にした。さらに、他の市町村の都市ごみを違法に持ち込んでいたこともわかった。

業者が反撃

操業を始める際、同社は増設など計画変更する際には住民の同意をとると明記した協定書を住民側と交わしていた。操業停止の処分を受けた業者は、「県が認めた通りの事業をしてきたのに突然停止処分にするのはおかしい」と、県に二十九億円の損害賠償を求め提訴した。

キンキクリーンセンターの関係者の案内で、私は、同市樫曲《かしまがり》の山林にある処分場を見た。処分場はハエが大量発生し、異臭が漂っていた。奥の山林では社長の親族が採石業を営み、同社は余った土砂を産廃の埋め立てに使ってきた。しかし、事件が発覚して以来、経営が苦しくなり、覆土もままならなくなった。

案内した関係者は、「産廃だけ真面目にやっていれば経営が苦しくなることもなかった。東京に作った研究所がうまくいかず、多額の借金をし、その穴埋めに大量の産廃を受け入れるというイタチごっこになった。搬入が止まると、首が回らなくなった」と明かした。

今大地議員は、「中傷ビラを撒かれて怖かった。飲食店を経営しているので、さらに嫌がらせをされないかと不安だった。不法行為を県が見逃していたばかりか、住民にデータを公表しないのでは住民の信頼を得られるわけがない」と話す。

神奈川県にある米海軍厚木基地の高層住宅が隣の産廃会社神環保《しんかんぽ》（現、エン・バイロテック）の焼却炉が排出する高濃度のダイオキシンで汚染され、外交問題となった。二〇〇一年、政府は焼却炉を撤去してもらうかわりに同社に五十一億円の補償金を払い、さらに十七億円かけて施設を解体することを決めた。その前にも外交問題を理由に同社にさまざまな資金援助をしてきた。同社はその二年前に七億円脱税した容疑で摘発され、公判で巨額の資金を広域暴力団に上納していたことが暴露された。結果的に政府が暴力団に資金を提供していることになる。

私は、ボランティアで清掃活動に参加したり、不法投棄の後始末をしたりしている立派な産廃業者を何人も知っている。しかし、こうした「闇の世界」と関係を持つ業者が跡を断たないのでは、せっかくの立派な行為も台無しである。

File.2

「不作為」という大罪

——水俣病事件と官僚

闇に葬られた患者

ある関係者からこんなことを聞いた。にわかには信じられない話だった。

〈水俣病と疑われた男性患者がいた。患者として認定するよう熊本県に申し立てたが認定されなかったので、環境庁に不服の申し立てをした。その後、患者は亡くなり、解剖したところ水俣病だったことがわかった。ところが、環境庁はそのことを隠し続けた。何も知らない遺族は認定してもらうのを断念、申し立てを取り下げてしまった〉

水俣病は、熊本のチッソ水俣工場が有機水銀を工場廃水として海や川に垂れ流し、有機水銀を含む魚介類を食べた人々が中毒を起こした世界最大の公害事件である。チッソや通産省の妨害で原因究明に手間取っている間に患者は増え続け、新潟でも昭和電工・鹿瀬工場による第二水俣病が発生した。

立ち上がった患者たちが原因企業を訴え、認定制度を勝ち取った。しかし、認定の幅は狭く、それをめぐって幾多の裁判が繰り返された。

認定業務は、熊本、鹿児島、新潟の三県にある認定審査会が審査し、認定されると千六百万円から千八百万円の補償金や年金を原因企業から受け取る。もっともチッソに巨額の補償金を払う力はなく、国の税金でかなりの部分面倒を見ている。

患者ではないと棄却されると、行政不服審査法で処分の取り消しを求めて環境庁に不服の申し立てができる。環境庁が裁決し、県の処分を取り消すと、県が審査会を開き直し、もう一度審査する。大抵は環境庁の裁決に従う。

この申し立て制度をめぐっては、その後、裁決を第三者機関にゆだねる別の法律が制定された。環境庁が公平な裁決をできるかどうか、疑問があったからだ。

私が聞き込んだこのケースは、環境庁が裁決を出す仕組みのなかで起きた事件である。

一九五六年にチッソ付属病院の細川一院長が公式に水俣病を発見して以来続いてきた水俣病患者たちの闘争の歴史は、一九九五年に政治決着で未認定患者に一時金を支払うことを決めて一応収束した。なお、国やチッソと争っているのは関西訴訟にかかわるごく一部の人々になった。患者たちが認定を勝ち取るためにチッソ、行政・官僚を相手にした血みどろの闘争の過程で、これまで隠されてきた事実がいくつも暴露された。

長男の心の傷

九八年暮れのある日。東京都内の喫茶店である男性と会った。五十歳になるスーツ姿の礼儀正しい紳士である。断片的な情報をつなぎ合わせ、私は関係者をたどり、ようやくこの患者の長男と連絡をとることに成功した。

水俣市出身でいまは首都圏に母親と妻子と住んでいる。私があらましを話すと、「国にずっとだまされていたわけですか。もし本当なら許せない。ずっと知らぬ顔を決め込んでいたのだから」と怒りを露わにした。

そして、父親のことを語った。

「おやじはどんなに苦しんで死んでいったか……。水俣を引き上げて東京に出てきたころ、しばらく二人で一緒に家庭を訪ねて包丁を研いで回っていました。それがふらつくようになってよく転ぶ。包丁で指を切ってもそれに気がつかない。『おやじ、大丈夫か』といつも心配していた。死ぬ間際も、『おれは水俣病だ』とよだれを流しながら訴えていました」

辛かった過去を振り返り、目を潤ませた。

長男は苦学して資格をとり、いまは人を雇い、忙しい日々を過ごしている。けれど、父が無念の気持ちを抱きながら死んでいったことによる心の傷は消えない。

一九二二年に水俣に生まれ育った父は、戦後間もなくチッソ水俣工場に入社した。しばらく旋盤工の仕事につき、祖父を助けるために休みの日には漁に出かけた。

六〇年ごろから下半身のしびれや言語障害、視野狭窄、ふらつきなどの障害に悩むようにな

チッソ水俣工場。現在は液晶などの付加価値の高い製品づくりをめざしている

った。より負担の少ない仕事を求めて工場内の職場を転々とした。六九年からはチッソの下請け会社で働くようになった。しかし、手足のふるえなどがひどくて、七一年には肉体の負担の軽いチッソ水俣工場正門の保管係につき、六年後に退職した。

チッソの従業員だったこともあって、これまでは水俣病だと自ら名乗りでることはなかった。しかし、七四年三月、意を決して熊本県認定審査会に申請した。視野狭さく、運動失調などの複数の症状の組み合わせがないことを理由に、七九年八月に棄却された。その前年には長男を頼って上京。父子は団地を回って刃物研ぎの仕事で生計を立てていた。

県から棄却処分を受けた二か月後の十月、環境庁に不服を申し立てた。当時、患者の支援団体との関係で順天堂大学医学部脳神経内科の佐藤猛助教授とつきあいがあった。自宅に来て父を診ると、「典型的な水俣病です」と断言した。

その翌年の八〇年一月、順天堂付属病院で脳溢血で亡くなった。長男と母は、支援者や佐藤医師に説得され、付属病院での解剖に同意した。解剖の結果、水銀中毒を示す病変があれば、環境庁に新たな資料を提出できると思ったからだ。

解剖結果は、佐藤助教授ら順天堂大の三人の名前で論文にまとめられ、同庁の「水俣病に関する総合的研究班の報告書」（一九八一年三月）にも掲載された。

論文は、「大脳の鳥距離や、前・後・中心部に強調されるグリオーシス、小脳の顆粒細胞の間引き脱落、延髄の前庭神経の変化などは水俣病による変化と考えられる」と結論づけていた。小脳と延髄の障害はそれぞれ運動障害や平行機能障害を意味するから、県の審査の時に委員たちがその症状を見落としたのかも知れなかった。

妻と長男はその論文を環境庁に提出し、この解剖所見に基づいた審査を求めた。それを生かせば、認定の道が開けるはずだった。

救済めざした環境庁

環境庁が困ったのが、「原処分主義」という考え方だった。

認定の方法は、患者が認定審査会に資料を提出し、診断結果などをもとに決める。不服の申し立てをした際も、前の審査会が使ったデータをもとに判断する。亡くなってから解剖して水俣病の病変が見つかることもある。しかし、これを認めていたら県の審査会の否定になりかねず、審査が成り立たないというのがこれまでの県の考え方だった。

けれども、患者からみればあまりに不合理な話である。環境庁も八三年に、解剖所見を使って判断できるようにしようとしたことがあった。通知を出す寸前までいったが、県の抵抗でやめてしまった。

だが、今回の男性は、解剖の結果、県が審査するかなり前に病変があったと思われることや、申し立てをした直後に亡くなっているという特殊事情があった。

環境庁の三觜文雄特殊疾病審査室長は、「これ以上、放っておくわけにはいかない」と心を動かされた。

九一年、佐藤助教授から標本を提出してもらい、脳細胞の標本の鑑定を新潟大学と東北大学の二人の教授に送った。「有機水銀中毒の所見がない」（岩崎祐三・東北大教授）、「所見がある」（生田房弘・新潟大教授）と判断が分かれた。そこで第三の所見を京都脳神経研究所の米沢猛京都府立大名誉教授に求めると、「有機水銀中毒」と認めた。

このうちある学者はのちに、私の質問にこう答えた。

「なぜこのような鑑定を頼んできたのかその理由が当時はわからなかった。その後、鑑定をどう使ったのか説明もなかったように思う」

二対一なので水俣病と言える。こう考えた三嶋室長らは九二年三月、環境保健部の中で、「暴露歴、自覚症状及び原処分時の症候のみからは、処分庁（熊本県のこと）が被処分者（患者のこと）を水俣病でないとした原処分はやむ終えないものであったと認められるが、病理学的観点をも含めて総合的に検討すれば、原処分は妥当でなく取り消されるべきものである」との裁決書をまとめた。

裁決書は作ったが

裁決書は、柳沢健一郎環境保健部長の決裁を受けた。後は企画調整局長と事務次官、さらに長官の決裁を受け正式に県と遺族に通知される予定だった。

ところが、環境庁からこのことを知らされた熊本県が猛反発した。

幹部が環境庁を訪ね、「病理の証拠能力、審査庁の環境庁の裁量範囲について納得できない。今後の認定業務や裁判にも影響する。いろいろな問題を含んでいる件を裁判や認定業務が収束しようとしているこの時期に裁決してほしくない。終了する二、三年後まで検討を待ってほしい」と迫った。

当時、認定と賠償を求め患者らが国やチッソを訴え争っていた福岡高裁では、九一年九月に高裁が国と県に和解を求め、解決に向けた模索が始まっていた。その動きに影響を与えかねないというのである。

けれども、処分庁の環境庁は、審査の時に県と患者の言い分をよく聞いて公正に判断すればいいはずだ。裁決書の内容について県の了解をとったり、理解を得ることは法の趣旨からはずれている。にもかかわらず環境庁は、熊本県との関係がこじれることを恐れ、交渉を重ねることにした。

困った柳沢部長は県の公害保健部長に電話をし、裁決を延期し、今後話し合っていくことで合意した。

異動で先延ばし

間もなく柳沢部長と三觜室長は異動し、新たに松田朗部長と中村信也室長が就任した。

中村室長も前任者と同じ考えを持っていた。しかし、県が納得できる論理構成にしたいと、法学者らに相談し、裁決書を書き直した。

「……主要な症状は認められない。また、被処分者の病理所見について鑑定を行ったところ、有機水銀中毒の影響を否定できないとの判断が得られた。これらの所見を総合的に検討した結果、被処分者は水俣病認定相当と認められる」と表現を穏やかにした。

九四年六月。環境庁の担当者は、この内容を伝えに県を訪ねた。

県の反応は同じだった。

「（順天堂大のような）民間病院が解剖した資料を使うことが問題だ。うちでは熊本大学と九州大学と決まっている」

「どうしていま行う必要があるのか。和解まで待ってほしい」

永野義之環境公害部長は、「こんなこと公表されたら、こうした所見を持つ者の洗い出しの要請が患者団体から強まってくる。訴訟や行政不服でも新たな紛争の種をまくことになる」と不満をあらわにした。

それでも心配になった永野部長は一週間後に上京し、松田部長に面会すると、「無理を承知でお願いする。三年後にしてほしい」とだめ押しした。

さらに県が神経をとがらせていたのが、認定をめぐる患者と行政との対立だった。

長年にわたる闘争の末、一九七一年に発足した環境庁の大石武一長官は、七月、「有機水銀の影響を否定できない場合は水俣病とする」との認定の際の判断条件を打ち出した。条件を広く取ったことで認定数はうなぎのぼりとなり、巨額の補償金を払わざるをえなくなったチッソは経営危機に陥った。

揺れ戻しが起きた。

七七年、環境庁は「手足の感覚障害に加え、運動失調や視野狭窄などの症状の組み合わせがないと認めない」という新たな基準を決めた。認定の幅が狭くなると認定数は減少した。「この基準を正しい」とする環境庁や県と、「元に戻せ」という患者団体との間で長い対立が続いてきた。もし、解剖結果で認定すれば、いまの認定方法が誤っているということになりかねない。県は引き下がろうとしなかった。認定作業は、三県の認定審査会に任せられている。患者と向き合う最も厳しい現場をもたされていることからくる環境庁への不満もあった。

環境庁幹部が難色

医務官の部長、室長が積極的なのに対し、上司にあたる事務官の反応ははかばかしくなかった。

「公表のタイミングを再考すべし」(八木橋惇夫企画調整局長)、「(松田部長が)異動寸前の裁決は無責任体制として非難される可能性があるし、県との対立を懸念する」（森仁美官房長）と、あらぬ火の粉をかぶるのはごめんだという態度だった。二人は後に事務次官に上り詰める。

審査請求からもう十五年がたっていた。環境庁が裁決書を渋っていたころ、遺族は同庁で意見陳述していた。

「一日でも早く裁決を出すよう要望します。解剖所見を活用してください」

裏で裁決書が二通も作られていることを知る由もなかった。

何とか県を説得したいと考えた松田部長は、環境庁の担当者を県に派遣した。

県「そもそも環境庁が鑑定をするのがおかしい。どうして順天堂大で解剖したものを使っているのか。熊本では全部熊本大学か京都府立医大と決まっている」

環境庁「どこで解剖するかは遺族の意志による。強制できないはずだ」

県「感覚障害のない者を認定する例が増えると病像論に影響を及ぼして困る」

環境庁「そんな例は熊本県でもあるではないか」

県「不服審査で（認定が）一例出ると、患者団体が騒ぎ出して困る」

どこまでいっても平行線である。

よほど憤慨したのか、同庁職員は復命書にこう書いた。

「県側は極めて不誠実であるという印象を受ける。福岡高裁の判決がのびているのをいいことに、環境庁の人事異動を見越してまた振り出しに戻そうとしている。論理的議論が通じる状態ではない。交渉当事者としての能力を失っていると考えるので、一切の交渉を断って裁決を進めるという選択も考えるべきである」

政治解決で妥協

九六年二月。環境保健部で再び検討が始まった。部長も室長もまた新しくなっていた。前の年の五月には自民、社会、さきがけの与党三党が四肢末端の感覚障害がある未認定患者に一時金の支払いと医療費の負担を約束するという解決策に合意。九六年に入ると一万人規模の対象者の認定作業が始まっていた。

水俣病とは認定されないが、この新たな制度のなかで認定されると二百六十万円の解決一時金がもらえる。将来の展望を失い、裁判をあきらめた大半の患者は続々と政治決着に乗り換えていた。

慌ただしい中、環境保健部はまた一から検討を始めた。

①従来通り裁決書を出し、県の処分を取り消す、②裁決書を出さずにチッソが認定患者と結んでいる補償協定のレールに乗せて救済する、③不服の申し立てを棄却する、という三つの方

法を検討した。六月、「鑑定結果を採用し、認定相当として原処分を取り消す旨の裁決を行うこととしたい」との方針案が確認された。

後にＨＩＶ事件の「藤崎ファイル」の作成者として知られる藤崎清道特殊疾病審査室長は、その方針のもとに裁決書を作り、野村瞭部長に決裁を求めた。だが、野村部長は渋り、先延ばしになってしまう。

その年の十一月二十九日付で特殊疾病審査室がまとめた内部文書にこうある。

「本年七月末、請求人は（政治決着による）一時金の申請を申し立てた。十二月二日に判定委員会にかけられる予定になっている。請求人側に紛争を継続させる意志は弱いと思われ、（一時金がもらえれば審査請求を）取り下げる可能性は高いと考えられる。今のところ請求人とマスコミの連絡はないと思われる」

そして、①請求人の取り下げを待ち裁決を行わない場合、②取り下げる前に取り消し裁決を行う二つのケースを想定。①は、利点は県との対立が回避できる、問題点は請求人を取り下げに追い込んだという印象が残る、②は利点として請求人を救済したとする印象が伝わる可能性がある、問題点は熊本県が反発する、この時期に裁決を行うことの理由の説明が困難――と分析している。

救済に動くこともなく、真実を告げることもなく、相手が疲れてあきらめるのを待ち続けている。その間、「不作為」と言われたくないためか、いろいろなケースを想定して、結局は遺族をもて遊んでいる。官僚の生態を如実に示す文書と言えるだろう。

この十七年の間、遺族側は幾度も同庁を訪れては、審査を急ぐよう求めてきた。その都度、「審査をしている最中です。もう少し待ってください」とおうむ返しの返事がかえってきた。遺族側が訪ねた審査室には、環境保健部長の決裁を得た二通を含む計三通の裁決文が眠っていた。

「もう疲れた」

遺族は一時金の申請をして二百六十万円を受け取ると、九七年二月十八日、不服申し立ての審査請求を取り下げた。環境庁の思惑通りにことが運んだのである。

知らぬ存ぜぬの関係者

環境保健部長として最後にこの案件にかかわった野村は、その時、大気保全局長に代わっていた。

退職後、理事をつとめる環境衛生金融公庫を訪ねると、当時を振り返ってこう言った。

「遺族が取り下げたことは、その時、部下が報告にきたのでよく覚えている。いろいろ検討したが、政治決着があるので待とうという判断になった。政治決着で救済されたから問題はないと思う」

野村はかつて厚生省から熊本県の公害保健部に出向したことがある。その時、さきの男性患者の認定申請の棄却処分にかかわっていた。その人物が今度は県の処分が正しいかどうか裁定する立場にいる。

食品薬品安全センター理事におさまっている柳沢は、「あなたが裁決書に決裁したことを示す文書を持っている」と私に指摘されても、「当時、検討したことはあるが、裁決書に決裁したことなんてあったかなあ。記憶がないな」と語った。

私は、関係者の証言とそれを示す内部文書を入手した上で九九年一月、そのことを記事にした。

それに鋭く反応したのが真鍋賢二長官だった。

「こんなひどいケースは許せない。徹底調査する」

陣頭指揮のもと、ただちに調査チームが作られ、関係者から聞き取り調査を行い、集めた約二百枚の資料とともに全面公開した。

野村らこれはと思う元幹部を長官室に呼びつけ、長官自身が自ら尋問にあたった。

一方、調査チームの質問に誠実に答えたＯＢや職員はごく少数だった。調査チームの一人は、「かつて上司だった人に聞くのだから、尋ねても『記憶にない』と逃げられるし、初めから限界があった」と話す。

「どのように対応するつもりでしたか」と調査チームに聞かれた八木橋は、「異動時期のごたごたのなかで処理する案件ではなく、後任の森官房長と十分相談し、指示を受けるようにと話した記憶がある」。「なぜ、在任中に裁決が行われなかったのですか」との問いに、森は、「機が熟していなかったから裁決に至らなかったと考える」と答えた。最初は遺族を応援していた佐藤助教授は国立病院に転職すると、遺族や支援団体との接触を絶った。接触を求めた私に「会うつもりはないし、この件で話もしない」と言うだけだった。

中には誠実に話してくれた職員もいた。経過を細かく話した後、「何とかやりとげたいと思ったが、組織の壁は厚かった。遺族には本当に申し訳ないことをした」と話す官僚もいた。真鍋長官の「何とか遺族の意向をかなえたい」との思いが実った。遺族側の取り下げはなかったことにされ、環境庁は県の処分を取り消す内容の裁決書を出し、県も渋々従った。情報が公開され、県の主張に正当性がないことが裏付けられていたから、県はまったく反論できなかった。情報を公開することこそがまともで公正な行政判断とその結果に結びつくことを示した。

遺族は政治決着による一時金を返還し、正式に約四千万円の補償金を受け取った。長男は言う。

「弟は若くして亡くなった。この金で弟の家族を助けてやりたい」

この事件から二年たった二〇〇一年四月、ある人事が発令された。水俣病を研究し、患者救済のために設立された環境省の「水俣病総合研究センター」（水俣市）の所長に野村が就任したのである。

「不作為」は官僚の特権か

官僚の行為に問題がある時、大抵は何かをやりすぎてではない。やるべきことをやらない「不作為」である。ＨＩＶ事件、水俣病事件、廃棄物の不法投棄事件……。多くがそしらぬ顔をし、あとで大きな傷を負っている。

水俣病事件が発生したころ、有機水銀説を打ち出し、チッソ水俣工場の廃水が疑わしいとする熊本大学医学部の研究班に対し、一九五九年に開かれた国の各省連絡会議で、通産省の軽工業局長（故人）は、「地方の熊大ごときの説など」と一蹴、有機水銀説を否定した。

かつて水俣病事件を追った時、このひと、秋山武夫元局長から手紙をいただいたことがあった。丁寧だが、内容はすべて自己の正当化に終始していた。

「当時の『造れ、造れ』の空気は現在の環境至上で一も二もなく工場閉鎖が行われる空気の下では容易には理解できないでしょう。通産大臣にもいい加減な理由で操業停止や工場閉鎖を命ずる権限はなく、逆に反訴されることもあります。水俣湾の周辺で被害者が多く出て、社会問題になっているにもかかわらず、それに対処する方法がなかなか決められなかったのは、当時の学問の水準が日本全体にそれほど進んでいなかったからではなかったか」

通産省で熊本大学の有機水銀説に反対していた秋山の部下の一人はこう言った。

「僕ら産業界を一人前に育てるのに必死だったから、水俣病についてほとんど記憶にないんだよ」

その対極にある人たちがいた。

愛知県尾張旭市で一人暮らしをする北野博一は花壇の世話が日課である。「妻に先立たれ、ちょっと精神的に落ち込んでしまった」と笑う。

元厚生官僚だった北野は、新潟県衛生部長の時、新潟水俣病の原因究明と患者救済のために獅子奮迅の活躍をした。

総勢百人の職員を率い、原因をあいまいにしようとした昭和電工や通産省などから「北野軍団」と呼ばれ、恐れられた。

六五年六月、新潟県の阿賀野川流域で水俣病と同じ症状の患者が見つかった。水俣病は、六〇年代に入ってすでに一件落着とされていたから、再び騒然となった。第二水俣病と言われる新潟水俣病だった。

河口から約六十キロ上流に、昭和電工の工場があった。チッソと同様、アセトアルデヒドを製造し、その年の一月には操業をやめていた。

一九六五年三月。ある会合で新潟大学の知り合いの教授から耳打ちされた。

「阿賀野川に変な病気が出ているのを知ってるかい」

「初耳だ。ただ、阿賀野川の河口なら、担当は新潟市になるのではないか」

新潟水俣病の原因解明へ

北野は一九一五年岐阜県大垣市に、銀行員の長男として生まれた。大垣中学から北海道帝国大学医学部を卒業後、軍医などを経験、戦後厚生省に入省した。栃木県衛生民生部長、岡山県衛生部長を経て六四年八月に新潟県の衛生部長になった。新潟大地震がその二か月前に起き、その収拾のため忙しい日々を送っていた。

何の気なしに聞いた話が、第二水俣病として具体的に現れるのは五月末になってからである。

新潟大学に着任したばかりの椿忠雄教授から水俣病の患者が見つかったと連絡を受けた。六月の初旬にかけて北野を筆頭に何回か合同会議を持ち、県と新潟市、新潟大学が協力態勢をとった上、北野は極秘で阿賀野川流域で水銀を使用する工場や昭和電工・鹿瀬工場をはじめとする工場群の廃水調査を命令した。

アカハタの記者がそれをかぎつけ公表を迫ったために、椿教授が発表し、新潟水俣病患者七人の発生が世に知られることになる。

県のなかに研究本部と対策本部が作られ、それを統括する副知事の元で北野が衛生部を中心に原因究明と対策に取り組んだ。

真っ先に疑われたのが最近までアセトアルデヒドを製造していた鹿瀬工場だった。六月、政府による立ち入り調査が決まり、北野らも厚生省に同行した。工場廃水のスラッジはすでに処分され、製造施設はほとんど跡形もなかった。まるで水俣病が問題になるのを見越しているかのようだった。

北野がアセトアルデヒドを製造する反応塔の下を見ると、コンクリート跡が壊れ、周りにスラッジのようなものがあった。北野は、「これをこっそりと採取してくれ」と部下に命じて採取させた。

厚生省にできた研究班の仕事のうちもっとも大変な疫学調査が県の仕事とされた。水俣病患者を、有機水銀を含む魚、さらに上流にある鹿瀬工場の廃水に結びつけるという気の遠くなるような作業である。

保健所員を動員して阿賀野川流域に住む住民から聞き取り調査と毛髪検査を行い、魚介類を調べていった。昭和電工は協力的ではなく、問い合わせても、「廃業したので何も資料はありません」と言うだけだった。厚生省からもらった百五十万円の予算はすぐに使い切った。北野軍団は「公憤でみんなが手弁当でやっている」（当時の部下の言葉）状態だった。

昭和電工は、「新潟地震で農薬工場から農薬が流出したのが原因ではないか」と農薬説を盛んに流し、横浜国立大学の北川徹三教授がそのお先棒をかついだ。水銀農薬を含んだ比重の重い海水がくさび状に川の底を潜ってさかのぼり、それで被害が出たという「塩水くさび説」を唱えた。通産省もそれに加勢した。

北川や昭和電工の工作で、安全工学協会が原因調査委員会を作った。東大や京大、横浜国立大学の学者を中心に検討し、「農薬説」を打ち出し北野に再調査を迫った。北野らは、農薬説に反論するために農薬を保管していた工場、事業所をしらみつぶしに調べて回らねばならなかった。

東大助手の宇井純が訪ねてくると、北野はいやがることもなく素直に教えを請うた。「宇井は患者団体の回し者だからやめた方がいい」と忠告する人もいた。

でも、北野は意に介さなかった。「そんなこと気にならなかった。だってこちらにはまともな知識がなく、救済と原因究明が先決だったから」。

新潟県には水俣病の情報が少なく、熊本水俣病について詳しい宇井の情報は貴重だったのだ。

企業と通産省が妨害

国の研究会に出ると、いつも通産省が県の調査結果に難癖をつけた。その裏には昭和電工と化学業界がいた。

「もう少し、この点を詰めてくれ」

及び腰の厚生省幹部からの頼まれごとを持って夜行電車で新潟に帰るのがいつものことになっていた。列車に揺られながら、残業につぐ残業でへとへとになっている部下たちの顔を思い浮かべた。

「厚生省はなぜ、われわれの側に立とうとしないのか」

そう思うと、自分が所属する組織への怒りがこみ上げることもあった。

六六年四月、北野が協力し、厚生省の研究班がまとめた中間報告は、原因企業を昭和電工と断定せず、「工場の排水中のメチル水銀が魚のなかに取り入れられてこれを多食したことが基盤をなしている」とするあいまいな表現で終わった。通産省は「メチル水銀が六十キロも上流の鹿瀬工場から流れたという証拠がない」と反論していた。

北野は「通産省に反論させず、しっかりした報告書をまとめて解決に向かうためには、何としても証拠がほしい」と思った。

そのころ北野の腹心としてぴったり寄り添っていたのが枝並福二副参事である。北野に相談を受けた枝並は、工場の排水口付近に水ゴケが生えていることを思い出した。自ら現地に行くとコケを採取して新潟大学に送った。

翌月、枝並が息を切らせて北野の部屋に入っていた。

「出ました。メチル水銀が検出されました」

「そうか、出たか。これで通産省に一泡吹かせることができる」

しかし、結果を出されてもなお、昭和電工は農薬説にこだわった。幹部らが知事を訪ね、「新潟地震で被災した農薬の量と種類、被災農薬の埋没場所、メーカーの引き取り量を明確にされたい」と申し入れた。こうした要求を次々とぶつけ、原因究明を遅らせるというのが昭電の作戦だった。

昭電は社員を動員して聞き込み調査に当たらせ、県のちょっとしたデータの間違いをあげつらった。コケから有機水銀が検出されたことを知ると、昭電は排水溝の周りをコンクリートで固めて採取できなくするとともに、分析方法に難癖をつけた。

ある日、昭電の幹部が北野を訪ねてきた。

いくつもの農薬の空き瓶を並べた。「社員に海岸を調べさせたらこんなに不法投棄があったんですよ」。農薬説を認めろと言わんばかりだった。

昭電の社長は、「北野部長はけしからんやつだ。行政官の身であって、行司ではない」と、雑誌で非難していた。

しかし、枝並が採取したそのコケは有力な証拠となった。さらに毛髪検査で新潟地震前に濃度の高い患者を見つけるなど、証拠を一つひとつ積み重ねていった。「塩水くさび説」はその後、否定され、昭電もあきらめざるを得なかった。六七年春、研究班は「汚染源は工場」と断定する最終報告書を発表した。

六八年夏、北野は愛知県の衛生部長に転出した。それまでに厚生省から北海道の衛生部長に転出しないかという話がもちあがったことがあった。

ある日、部下たちと酒を飲んでいた料理屋に電話がかかった。受話器を持った北野が深刻な顔をしている。上司からの異動の話だった。「上京せよ」と言うのである。

厚生省を訪ねた北野に、上司は「北海道の衛生部長のポストの話がある」と切り出した。北海道の衛生部長はこれまで大抵、本省の局長に迎えられていた。

年月がたったことによる異動なのか、新潟での活躍ぶりに本省が手を焼いたのか、それともどこからか圧力がかかった末の人事なのか、北野にはよくわからなかった。でも、北野は素直に受け取ることにした。

そして言った。

「水俣病問題がまだ解決していません。もう少し、このままいさせてください」

「それでいいのかい」

上司は半信半疑だった。

新潟市の官舎に戻ると、妻の満起に「かあさん、断ってしまったよ」とうち明けた。「あなたがそれでいいと言うのなら……」。妻も北野のよき理解者だった。

「部長、行くべきじゃないですか」と言う部下に、北野はほほえんで言った。「みなさんが一生懸命やっているのにぼく一人出ていけませんよ」。

北野の転出と残った人々

六八年夏。愛知県の衛生部長に転出することになった北野は、転勤の数日前、枝並を呼んで封書を託した。

「原告の弁護団長の家にこっそり投げ込んでください」

通産省が五九年に、排水処理の状況を報告するよう、全国のアセトアルデヒド製造工場に極秘で求めた依頼書と、その報告書だった。通産省がこの時点で排水を気にしていたことを示す資料で、国の責任を問う証拠となる。

枝並はその指示を忠実に守った。弁護士の坂東が見つけ、弁護団は大いに意気が上がった。後の水俣病裁判に提出され、原告側を大いに勇気づけることになる。

大きな功績をあげた枝並は、事件が沈静化すると人々の記憶から忘れ去られた。退職し若くして亡くなった枝並の告別式で、北野は大粒の涙を落としながら弔辞を読んだ。

山下修司も北野の下で思う存分あばれ回った。金沢大学の薬学部を出て県の薬務課にいた山下が北野に呼びつけられたのは六五年五月末、第二水俣病が発覚する直前である。

北野は部長室から秘書を追い出し、山下を中に入れた。北野と県衛生研究所の研究者、それに山下の三人きりだった。

北野が切り出した。

「椿教授から水俣病と同じ症状が出ていると聞いた。大変なことが起きた」

北野は、「昭和電工鹿瀬工場が怪しいのでそこを調べろ」と言うと、山下を特命事項の担当に据えた。

山下は間もなく新設された公害課長の係長になり、延べ約六十回、鹿瀬工場に通いつめることになる。

「何か参考にならないかと水俣へ行ったり、農薬説を言い張る北川教授に会いに行ったり、一つ一つ原因でないものを除いていった。アセトアルデヒドを製造していた工場は昭和電工だけではないのでそれもしらみつぶしに調べた」

北野が去ったあとも公害対策一途だった。鹿瀬工場の排水溝の近くになおかなりの水銀汚染があることが調査でわかった。昭和電工の副社長に直談判し、「対策をとらないなら公表します」と迫り、浚渫《しゅんせつ》を約束させた。

その行動力は通産省や物事を穏便にしようとする上司から嫌われたのか、七七年に公害課長を最後に役人生活にピリオドを打った。

けれど、山下に悔いはない。

「できる限りのことをやった。さまざまな軋轢《あつれき》もあったが後悔していない。何とかして原因を究明し、患者さんたちを助けようとそればかり考えていた。それにしても北野軍団のころは本当に楽しかった」

公衆衛生課の元課長本間ムツもなつかしそうに言った。

「医師としてつながりのあった助産婦さんや看護婦さんを総動員して、聞き取り調査をしてパンチカードを作り、統計とってね。休みなしで働いた。北野さんは正義感が強くて私心のない人だった。あの人だったからあそこまでついていけた」

元医務課長の南木弘も言う。

「ヒューマニストで、部長なんだというおごりがまったくなかった。道路で馬糞を見つけると、奥さんとそれを拾い官舎の庭に埋めてこやしにするような人だった。包み隠すことのない役人らしからぬ役人でした」

北野軍団が、水俣病の原因究明を妨害する通産省や化学業界を相手に悪戦苦闘していたころ、厚生省ではひとり、水俣病を相手に独自の闘いを挑んでいた人物がいた。公害課長の橋本道夫である。大阪大学医学部を卒業後、大阪府で保健所行政を担当し、厚生省に移って公害行政に携わることになった。

当時の担当は食品衛生課だったが、衛生課はやる気がないと見限った。

「それならこっちでやるまでだ」。上司を説得し、予算を確保すると、水銀を使う全国の工場を調べ始めた。

経済企画庁の課長が「権限もないのに、いらんことをやるな」とねじ込んできた。橋本は無視し、調査に行く部下に「工場が入れてくれなかったら、大声で騒げ」と指示した。立ち入り権はないが、騒げば新聞が書いてくれる。世論の応援で工場が拒めないように仕向けようとの作戦だった。

橋本はこう振り返る。

「世論の応援だけが頼りだった。役所の枠を踏み越えることも時には必要だ。若い官僚たちにはいつも言うんだ。『役人は法律で身分保障されている。だから正しいことをしている限り、首は切られない』と」

心意気

愛知県の衛生部長に転出した北野はそこで定年を迎えた。患者たちに頼まれ幾度も法廷に立った。

ある時、厚生省の後輩が宴席に誘った。

「法廷では国の立場を理解してほしい」

「何を言ってるんだ」

杯を返し、帰った。

専門誌で水保病を振り返りこう結んだ。

「レイチェル・カーソン女史が『サイレント　スプリング』で指摘した自然界の食物連鎖による毒物の濃縮が、工場技術者はもちろん衛生行政官にもよく理解されていなかったこともあるが、第一の水俣病発生機序が対外的にボカされていたために第二の水保病は防ぎ得なかった。……防ぎうべかりしものを防ぎえなかったことの悔恨は無限であり、自己の不勉強に対する自責の念でいっぱいである」

新潟水俣病事件を語る北野博一氏

若いころ正義感からハンセン病に取り組んだ北野がやがて水俣病事件と出会い、原因究明と患者の救済に寝食を忘れて取り組んだのも当然の帰結だったのかもしれない。

その北野と橋本には接点がある。

七一年秋、フランスで出会った。視察の途中で体調を崩し、現地で入院していた北野を、国際機関に出向していた橋本が見舞った。橋本は数日前に読んだ日本の新聞を手にしていた。

「北野さん。これ。よかったな」

北野が目をやった新聞には、新潟水俣病裁判で「患者勝訴」の見出しが躍っていた。二人は手を握りあった。

定年退職した北野に、厚生省時代の友人が言った。

「あのとき北海道へ行っていたら、おまえさん、厚生省の局長になれたのに」

北野は思った。

〈いいや、いいんだ。思う存分やったんだから〉

いま、北野は言う。

「エイズ事件などを見ていると、いったい役人は水俣病事件から何を学んだのかという気持ちになる。僕も自信があってやったわけではない。役人としてどこまでやっていいか迷うたびに、自分で枠を広げ、その中で動いているんだと自分に言い聞かせてきた」

数年前、北野は新潟県時代の部下たちに誘われ新潟を訪れた。鹿瀬工場の跡地が見える小さな温泉旅館である。元保健婦もいた。きら星のような人はいない。みな自分と同じ平凡な人生を歩んできた。

「必死でやった」という満足感と「それでも足りなかった」という気持ちをみんなで語り合った。思う存分語り合い、実にさわやかな気分だったと、北野は言う。

そこに「不作為」という行為がみじんもないからである。

File.3

役人が業者の犯罪に手を染めた

――和歌山県ダイオキシン汚染事件

ダイオキシン汚染の嵐が一九九〇年代の後半、日本列島を襲った。

ごみ焼却場からダイオキシンが発生することを立川涼愛媛大学教授が日本で初めて立証したのは八〇年代前半だったが、国の規制は不十分なまま、九〇年代に入って、埼玉県所沢市の産廃銀座による地域汚染、大阪府能勢町の一般廃棄物の焼却炉による高濃度汚染事件をはじめとして、次から次へと事件が勃発した。

一九九九年には議員立法でダイオキシン対策特別措置法が制定され、廃棄物処理法も規制強化され、行政による態勢は欧米に比べて約十年遅れでようやく整った。

ここに紹介する和歌山県橋本市の不法投棄事件では、業者が不法投棄した数十万トンものダイオキシンなどに汚染された産廃で被害を受けた住民が、立ち上がって行政を動かし、現地で無害化処理を目指している。公害調停に訴え、ねばり強い運動を展開した香川県豊島のケースとよく似ている。

しかし、橋本市の例は、不法投棄した産廃業者とそれを指導する立場の県の保健所職員が贈収賄容疑で逮捕されたという点ではるかに悪質と言えるかもしれない。

刑事記録や関係者の証言で、業者と職員がどのように癒着していったかを振り返る。

野焼き苦情に行政は動かず

大阪・梅田駅から南海電車で約五十分。橋本市は大阪のベッドタウンとして近年、人口が増え続けている街である。豊かな田園が広がり、市の中心部を紀の川が流れる。

野と呼ばれる畑と林に包まれた静かな丘陵地帯の一角で野焼きが始まったのは、一九九四年のことである。

土砂・残土の処分をする権利を得たのは日本工業所（本社・大阪府堺市）。建設廃材などをここに持ち込み、野焼きをした焼却灰といっしょに山林に埋め始めた。

翌年春になると、大きな炎が処分場からのぼり、昼夜を分かたず煙が立ちのぼった。煙は一キロほど南の菖蒲谷地区など周辺に住む住民を襲った。

主婦の秋田馨も被害を受けた一人である。

「とにかく煙がひどくて、臭くて食事もできない」

洗濯物を干し、取り込もうとすると真っ黒に汚れる。

「どこから来るんだろう」

煙をたどっていくと、農業道路沿いに「残土処分場」と書かれた看板があった。

夜、赤々とした炎が遠くからも見えた。堂々と野焼きをしている。近所の住民の通報で消防団が出動し火を消そうとすると、「勝手に火を消すな。燃やしているんだ」と従業員が怒った。

野焼きは廃棄物処理法で禁止されていたが、業者はおかまいなしだった。

住民たちは県高野口保健所に掛け合った。

「野焼きを何とかしてください。違法だからやめさせたらどうですか」

職員が反論した。

「業者は焼却施設を持っているし、紳士ですよ。業の許可を取っているのでこちらとしては文句は言えません」

秋田はこう振り返る。

「私たちの声に耳を傾けるどころか、まるで業者と話しているようだった。つまらないことで来ないで早く家に帰れ、とでも言いたげだった」

しかし、業者が持ち込む産廃はどんどん膨らみ、巨大な山となりつつあった。

「自家処分」と偽り操業開始

日本工業所の達川龍雄社長が高野口保健所を訪れたのは九四年の春だった。橋本市で残土の埋め立てを始めるための相談である。

大阪で産廃の運搬業や処理業を営んでいたが、バブルがはじけてからは不渡り手形を出すなど、綱渡りの経営が続いていた。

「多額の借金を抱えた私が何とかこれで起死回生をはかりたいと考えたのが、橋本市での産廃の仕事でした」と後に和歌山地検に供述しているように、台所は苦しかった。

保健所の窓口に現れたのが産廃担当の医療技師谷口泰崇だった。

自家処理として埋め立てをするのなら、残土のほかに許可をとって廃プラスチックなどの産廃安定五品目も埋め立てていいと知らされた。

知人からの二億二千万円の借金を元手に一億六千万円で土地を購入した。地主の要求で仮契約書に五千万円安く記入した。地主の脱税を手助けしたわけである。

五月に保健所に事業計画書を提出し、残土処分場としてスタートした。

そのころ、谷口の指導は厳しかった。

入り口に近い道路に「日本工業所残土処分地　安定五品目」と書かれた立て看板をたてた。

その翌日、谷口が処分場にやってくると、「自家処理なら看板を立てる必要がない」と、とり外すよう指導した。

自家処分の残土だけを埋め立てるつもりは達川に毛頭なかった。大阪府貝塚市に持っていた処分場がほぼ満杯となり、産廃の受け入れ先に困っていた。堺市の本社のある土地に一時置いていた残土も引き取らなくてはならなかった。自家処分なら許可はいらないが、他社から残土や産廃を引き受けるなら産廃業の許可を改めて和歌山県からとる必要がある。

谷口が看板を撤去するように言ったのは、達川にこうした魂胆があるのではないかと疑ったからだった。

橋本市の処分場には、達川と息子、作業員、運転手ら合わせて十人が働いていた。堺市の会社には電話番の女子社員が一人いるだけだった。

社員らで谷や山の斜面の木を伐採し、ダンプカーの搬入路に鉄板を敷き、ダンプカーの土砂を洗い流すプールをつくり、処分場の体裁を整えた。本社にあった保冷車の箱の部分を運び入れ、事務所に使うことにした。

態勢が整った七月には堺市にあった残土を、八月からは他の建築業者や産廃業者から産廃を受け入れるようになった。堂々の無許可営業である。チケットを作り、家屋を壊し、細かく砕いた木やごみ、コンクリートなどが混じったミンチ、ビルを解体したコンクリート片のガラと残土の三種類とした。トラックの二トン車、四トン車、十トン車ごとに料金を決め、チケットを販売した。

他の処分場に比べて料金は格安で、口コミで得意先が次第に増えていった。

保健所員に接待攻勢

残土やガラが多く、最初はそれを埋めていればよかったが、すぐに木くずや廃プラスチックが増えた。谷口に「これは埋めてはいけない」といわれ、やがて山積み状態になった。

達川は、見回りに来た谷口を喫茶店に誘うようになった。仕事の話から世間話に、さらに趣味の話に移った。

谷口がゴルフをすることを知ると達川が言った。

「それなら、韓国へ一緒に行ってゴルフをやろう」

谷口の弟も交えた三人は、九月、三泊四日の旅行を楽しんだ。達川が負担したのは食事代だけだというが、それを契機に親しくなった二人はたびたびゴルフに行く間柄になる。指導の権限を持つ谷口の機嫌を損なわないように、達川の接待攻勢が本格化した。

ある時、処分場に来た谷口が「よその車もはいってんのと違うん」と尋ねたことがあった。処分場には何十台ものダンプカーが出入りしていた。

「そんなことないよ。うちの車見てみ。みんな他府県のナンバープレートや。うちの傭車や」。達川はこう言い逃れると、韓国クラブに行こうと誘った。

だが、大阪のクラブは知ってはいても、達川は、まだ和歌山にはなじみが薄い。そこで谷口の知人の紹介で、その知人を伴って和歌山市内の韓国バーに出かけた。

一晩で韓国クラブを三件はしごした。もちろん、達川のおごりである。その後も谷口を誘っては韓国クラブで接待を続けた。達川の供述によると、多い月は月に十回というから三日に一度の計算になる。クラブは高級だから一回一人一万円から一万五千円、ボトルのキープだけで一万五千円から二万円はする。さらに二人はホステスを呼び出して食事をしたり、同伴で店に行くことも多く二人で七万円はかかった。達川は月によって四十万円から五十万円を谷口の接待に使った。

いつしかふたりは、お互いを「大阪社長」「谷やん」と呼び合う仲になっていた。

そのころ、住民たちから保健所に苦情が寄せられていたが、二人ともそんな話は一度も出さなかった。無許可操業であることを谷口は知っていたが、黙認していた。

ただ、世間の目もあり、産廃の中間処理業の許可を得て、焼却炉を造ろうと、達川は思い立った。九四年の暮れである。しかし、産廃業として許可を取るには事前調査が必要で、地元の同意がいる。

「同意をとるのに一千万円はいるし、それに時間がかかりすぎる」

相談を持ちかけられた谷口は、「自家処理ということで焼却炉を造って、ある程度の実績を作ったら事前調査が省略されるかもしれない」とアドバイスした。

そして、ある自動車解体屋が自家処理用の処理施設を使用するという名目で中間処理業の許可申請をしていることを教えると、「この経緯を見てどうしたらいいか教えてあげます」と言った。

「恩にきる」

と達川は言った。

「うまいことといったら、礼はするよ」

数日後、谷口が連絡してきた。先日の話を進めれば何とかなるというのである。

資金繰りに苦しんでいた達川は、手作りの焼却炉で間に合わせようと考えた。

以前、杭打ちの仕事をしていたときに使っていた二十立方メートルの鉄製の水槽がまだ残っていることに気がついた。この水槽四、五個を切ってつなぎ合わせ、焼却炉の枠にし、息子や従業員に手伝わせてとりかかった。が、翌九五年一月に阪神大震災が起こり、解体の仕事が忙しくなって作業は中断した。

大震災の産廃が山に

震災が起きてからの達川の動きは機敏だった。西宮市に会社の事務所を置き、重機やダンプカーを運転できる従業員は全員西宮市に向かった。地元の会社の下請けとして、倒壊した住宅の解体工事や建設廃材の運搬を担った。

最初、無料で引き取る兵庫県内の処分場に搬入していたが、ダンプカーの数が多くて一回の搬入に半日かかってしまう。

そこで、橋本市の処分場に産廃を送った。倒壊した産廃は分別されず、ごちゃまぜのままだった。従業員がいないので仕訳もできず、山積みとなった。三月には数千トンの産廃の山になった。

焼却炉の建設は四月から再びかかり五月に完成、焼却を始めた。ただ、自家処分が名目で廃棄物処理法上の業の許可はいらないといっても、焼却炉の設置には大気汚染防止法上の届け出が必要だった。

谷口から教えてもらった達川は、一月に橋本市に届け出をし、それを受けて三月、県が受理した。炉の製造にとりかかったあとで、県が認めたわけである。

県が出した受理書の交付書には次のようなただし書きがある。「煙道においてサイクロン等煤塵処理を行い飛散防止をはかるとともに、悪臭や黒煙の発生のないよう廃木材の燃焼管理を十分行うこと。なお、廃材焼却量は一日百キロを予定しているが、今後焼却量に変更がある場合は変更届を提出すること」

そのころ、住民の苦情を受けて県会議員が視察に来たことがあった。谷口は視察の二日前、達川に連絡した。

「県議が現地調査に来るからちゃんと片づけておいてよ。木くずのことを言われるから、もうすぐできる焼却炉で燃やすと言えるようにより分けておいてほしい」

保健所に抗議に行った住民が「業者が言っているような感じがした」と言ったが、実際、谷口はこの業者側に立って動いているのだった。現地調査には、保健所から谷口も同席し、議員の質問にてきぱきと答えた。

それを見ながら、達川は思った。

〈谷口さんがうまくとりしきってくれた。このままうまくことが運び、処分業の許可がでたらそれ相当のお礼はしてやらないと〉

現金受け取る

達川が谷口から相談を受けたのは九五年三月のことだった。

韓国クラブで二人と知り合った食品会社の社長が増資をしたいので株主になってほしいという。

韓国クラブで二人は、この社長や、県の職員組合と同和団体の幹部を兼ねる藤本哲史を知った。谷口にこの話を持ち込んだのは藤本だった。クラブのママによると、藤本は座るだけで一万円はするこのクラブの常連だった。いつも多人数でくるが自分で支払ったことはなかった。

藤本に会うと最敬礼するほど気を使っていた谷口を見て、達川は、「むげには断れない」と思ったと供述している。

和歌山市内の料理屋でこの四人が落ち合った。

大型の冷凍食品工場を作る計画があって、国から同和対策事業として十億円から十五億円の補助金が出る。自分の会社が和歌山市に進出してその事業に加わりたい――。社長はそんな事業計画を伝えた上で、「補助金は利益があがらなければ返さなくてもいいので、達川が四分の一の株主になれば二、三年後に利益の四分の一を渡せる」と言った。

「社長に損はさせません」

そう言って、一千万円の投資を申し込んだ。

藤本は、「同和地区の雇用対策として和歌山県に大型共同作業場を造る計画が来年の予算に組み込まれている。間違いなく実現する」と、社長を後押しした。

会合が終わると、おきまりの韓国クラブである。

二週間後、二回目の会合が同じ料理屋でもたれ、達川は一千万円の出資を約束した。同和団体の幹部も出資すると聞かされ、懇意になれれば同和関連の仕事をもらえると食指を動かしたのである。しかし、達川にも一千万円の金はなかった。

金融機関から借りてこなければならないので、かかった金利を社長に負担してもらうことを約束させた。

達川は谷口に尋ねた。

「(谷口と藤本の)二人が間に入っているけど、社長から礼出るんか」

二人とも仕事と関係ないのにこの話に熱心だからである。

谷口が言った。

「考えてくれているようです」

産廃から同和対策事業へと、県職員と業者は関係を深めていく。まるで底なしの泥沼に沈み込んでいくように。

達川に名案が浮かんだ。

〈社長からもらう月々の金利を世話になっている谷口に渡してくれればいいんや。うしろめたい気持ちにもならんですむ〉

飲食からゴルフ、旅行の接待から現金の授受へ。これまで幾多の贈収賄事件がこうした過程を経てきたことだろう。

達川は後にこう供述している。

「これまで私どもの会社がやっていた産廃の無許可処分場を黙認してもらっていたことのお礼や、今後も同じように黙認してもらい、さらに中間処分業の許可をできるだけ早く受けることができるように協力してもらいたいことのお礼を差し上げる決心をしました。……谷口さんと私が『社長』『谷やん』と呼び合う親しい仲になってから、谷口さんが時々、私に『社長、クレジットカードの金、落とさなあかんのでちょっと貸しといて』とか、『社長、女いきたいんやけど、持ち合わせないんで貸しといて』とか言ってきて、私が現金を貸してあげることがあって、谷口さんが小遣いに困っていることを知っていましたので、この際、接待だけでなく、谷口さんの小遣いとなる現金を月々決まってあげれば、谷口さんとしても私の気持ちを十分わかってくれて、さらに私の希望がかなうように協力してくれると思ったのです」

「わしとこにくる金、谷やんがもろといたらええさかい、谷やんに回すわ」

達川が言うと、谷口は、「そんな金、ぼくもらえません」といったんは断った。

谷口は、その時の心境をこう供述する。

「確かに私はそれまで達川さんから飲食につきかなりの接待を受けていましたし、クレジットの支払いについても助けてもらっていましたが、やはり生の現金をそっくりそのままもらうということでは、その重みというか抵抗感をいうものが私の気持ちのなかで全然違っていたのです。ですから信じていただきたいのは、この金を回してやると達川さんに言われた時、本当にいったんはそれを断ったのです」

だが、クレジットカードやサラ金への支払いに追われ、生活は苦しい。

〈やっぱりもらいたいな、でも、もらったらいけない金だ〉

二つの心が行ったり来たりする。

「谷やん、金はあっても困るもんちゃうし、もろうといたらええ。そんな、ええかっこ言うな」

ぐらぐらしていた気持ちが達川のひとことで一気に傾いた。

「そしたらもろうときます」

そのころ、震災のおかげで大量の廃棄物を受けた日本工業所は目の回るほどの忙しさを見せ、借金した二億二千万円を返済するめどもつき始めた。法律を無視して造った橋本処分場はまさに「金のなる木」だった。この仕事を続けるためにも谷口に取り入ってお目こぼしを続けることが必要だった。

市中の金融業者から調達した一千万円の小切手を達川が食品会社の社長に渡すかわりに社長が谷口に毎月十万円を出すことになった。それから半年の間に六十万円の現金を谷口は手にした。

韓国クラブではいつもウーロン茶を飲みながら、ホステスとの会話を楽しんだ。

達川の回りには他の県職員も群がっていた。食品会社の社長から毎月十万円が谷口に支払われるということを藤本は知っていたが、谷口に忠告するでもなかった。

四人の関係はやがて破滅に向かって速度を速める。

食品会社の社長もそのころ経営不振で苦しんでいた。新しい会社設立の準備が進んでいることを信用させるために、社長は、町金融から千六百万円借りると信用組合に預金した。二週間だけ置くと、預金を引き上げて町金融に返した。会社設立を信用させるための見せ金である。達川もこの社長に一杯食わされ、食品会社はほどなく倒産してしまう。

藤本の供述によると、労働組合幹部らも達川の周りに集まり、頻繁に接待を受けていた。達川と韓国クラブで会った関係者の一人は、後に私にこう言った。

「高級クラブで公務員が遊べるわけないのに常連なんや。谷口だけやない、県の連中はみんな達川にたかっとった」

わいろ受け取る事情

大学を卒業後、一九八三年に技術吏員として県庁に採用されて技師になった谷口は、公害研究センターなど経て九三年に高野口保健所に来た。衛生課の医療技師として、産廃処理の現場指導や立ち入り検査や許可申請にかかわる仕事をしていた。

谷口がカードを利用するようになったのは、妻子と別居し、ワンルームマンションに住むようになった八九年ごろからである。毎月十万円の仕送りをし、つきあっている女性もいて、おまけに九〇年にはマンションを購入して借金は膨らんだ。カードの返済ができないと別のカードで借金し、それをまた返済に充てるという「カード地獄」に陥っていた。

カードの支払いは毎月四十万円にのぼった。収入は、給料の二十万円と塾の講師の十万円余り。九三年に再婚したものの給料はまったく家庭に入れない状態だった。九四年には月の返済額は五、六十万円にのぼり、サラ金に手を出した。

達川と出会ったのはそんなころだった。

赤茶けてボロボロの焼却炉とごみを分別するトロンメル（手前）

親しくなると、カードの支払いに困っていることを達川にうち明けた。達川の「谷やん、パンクしたら困るやろ。カードの支払いしんどかったら金貸すで」という言葉に甘えて借金もした。だが、返すあてもなく、「利息なし、期限なしのある時払いの催促なし」といった形だった。

達川からもらった賄賂は、韓国クラブで入れあげていた女性にせがまれて十万円近くするパーティ券を買ったり、たばこ・食事・競馬・ギャンブルに使ったりしてすぐになくなった。「ほとんど自分を見失っていました」。当時を振り返り、谷口はこう供述している。

九六年二月ごろ、達川が谷口に相談を持ちかけた。

「谷やんとこの課長にも世話になってるん

で、ここらで何かしておきたいんや」

谷口が春に転勤しそうだと知った達川は、だれかかわりに便宜を図ってくれる人がいないかと思案していた。上司の課長を狙うことにした。達川の頼みで、谷口が課長の家族七人分の旅行クーポン券（二十一万円相当）を手配した。

達川に命令され、息子がクーポン券の入った封筒を課長の机に置いて帰った。帰宅してこれを開けた課長は驚いた。

〈こういったいわくありげなものは絶対受けとるわけにはいかない。受けとれば首が飛ぶばかりか、犯罪者になる〉

妻も同調した。

「これもらったらだめなものと違うん。すぐ返さなあかんのと違うん」

不安な気持ちのまま、二人は自家用車で処分場まで行き、事務所に入ると息子に突き返した。

オンボロ焼却炉

九五年春に達川らが手作りで造った焼却炉は幅五メートル、奥行き十メートル、高さ四メートルの大きさ。炉の床をコンクリートで固め、その上に電車のレールが格子状に置いた。内側の壁にコンクリートを打ち、防火用のＡＬＣボードを張り付けた。炉の上に三角の屋根をつけ、鋼管で造った煙突を二本溶接してつけた。

煤煙発生装置の届け出を県にする時には谷口が全面的に面倒を見た。煙がどのように排出され、拡散されるかを示すＫ値の計算式などの書類は、谷口が持っていた手引書を借りて従業員が丸写しした。従業員が焼却炉の使用容量を書き込んで谷口に見せると、「一杯にいれたら燃やせんやろ」と言われた。

見取り図をみながら谷口は、半分ぐらいのところを指した。深さ二メートルまで投入して焼却することにした。一日の焼却量が五トン以上になると届け出でなく許可制になり、規制の対象となる。規制を逃れるために小さく見せようというのである。

しかし、こんな炉が産廃の焼却炉の役割を担えるはずがなかった。

いざ、燃やしてみると、真っ黒な煙が舞い上がった。

「こんな煙が出たら保健所から怒られる」

心配げな顔をして息子が言った。

夏になると、煙や臭いによる苦情が日増しに強くなった。近くの柿の木が煙で枯れてしまい、賠償金を払うはめにも陥った。一か月もすると、炉の表面が高温で波打ちたわみ始めた。

産廃を入れすぎては不完全燃焼となってトラブルを引き起こした。当然のように野焼きも増えた。

しょせんこの小さな焼却炉では膨れ上がる産廃に追いつくことは不可能だった。毎日、産廃を積んだ二、三十台のダンプカーが近畿いちえんからやってきた。小さな焼却炉の能力は一日、ダンプ二台分しかない。違法と知りながら、燃やした後の燃えがらや焼却灰は処分場に埋めていた。このままでは山積みになった木くずや廃プラスチックはさらに増え、処分できなくなるのは目に見えていた。

達川はより大きな焼却炉を造ることを決心した。だが、メーカーに頼むと数億円はする。そこで焼却炉は自分たちで造り、それに買ってきた防塵装置をつけることにした。業者に頼んでシーバイルという鉄板を敷地内に打ち込んで囲いをつくると、その内側にコンクリートを流した。耐火煉瓦を内部に積みあげるには専門的な技術がいる。工賃だけで約一千万円かかる。そこで左官屋を雇い、普通の煉瓦を積んでもらう。防塵装置の製造業者に頼んで、四千万円で装置を造らせる——。こんな手順が編み出された。

防塵装置の製造業者を事務所に呼びつけると達川は言った。

「金のかからんような作り方でいい。格好だけでいいんや。役所との話はついている。責任はうちがとる」

業者は、〈焼却炉に何でもいいから装置がついていればそれで申請は通ると解釈した。許可を出す役所との繋がりをあからさまにしているのだな〉と思った。ふつうこれぐらいの大きさの焼却炉を造るには三億円はかかる。ところが、達川は炉は手製でいいという。

業者が造りかけの炉の内部を見ると、普通の煉瓦が積んであった。炉の中は八百度の高温で、普通の煉瓦がこの温度に耐えられるわけがない。稼働させればすぐに崩れてしまうのは目に見えていた。

それに炉の大きさに比べて注文を受けた集塵装置は小さすぎた。

「もっと大きい装置にしないと能力が足りない」と業者は忠告した。達川は「格好だけでいいんや」と言うだけだった。

廃油バーナーの設置やら何やらに手間取り、完成したのは九六年三月二十四日、県が使用前検査にやってくる前日の夜であった。

ことを急いだのは、谷口が春に異動するという話が伝わり、谷口のいる間に済ませてしまおうと考えたからである。

翌日検査に来たのは谷口とその上司の課長、それに県から来た二人の職員だった。古い炉から百メートル離れたところに新品の焼却炉があった。県の職員は炉をのぞき込むなり、「大きいな」と言った。幅七メートル、奥行き七メートル、高さ七メートルのかなり大型の炉である。炉の中は煉瓦がまだ半分しか積まれていなかった。

けれども、検査にきた職員らからこうした点を追及する声はまったくあがらなかった。

焼却炉を動かすには、産廃処分業と運搬業、それに処理施設の設置の許可を得て、煤煙発生施設の設置届けが必要だった。

これまで許可もなく違法に産廃を埋めたり、焼却したりしてきた日本工業所に専門的知識はなく、すべてを谷口に頼っていた。しかも、中間処理業の許可申請には事前審査が必要で、地元の同意を取り付けることが条件になっている。谷口は、自家処分場に焼却炉を設置して焼却していれば焼却炉の実績があるとして、事前審査を省略できると教えた。

達川の息子が、谷口の指導を受けながら申請書類を整えた。谷口は、「本来は県庁へ持っていくのが筋だが、ぼくの方へ持ってきてくれたら、悪いところは直すから」と言った。書いては谷口に示し、指摘を受けては書き直した。

前年の暮れ。達川と谷口は県庁を訪ねた。地域環境課の中村雅胤副課長に達川を顔つなぎするためである。中村副課長もこれを機に達川との関係を深める。達川は、保健所、県庁を問わず、職員を韓国クラブに誘っては関係を深めていった。課長に昇格した中村は、後に述べるように産廃の除去事業に絡んで県の公社から一億五千万円を引き出し、日本工業所に支払って産廃を撤去させて、結果的に税金で同社を助ける役割を担った。

焼却炉の設置許可の手続きでは、設置について、業者は地元自治体の意見を求めることになっている。日本工業所から意見を求められた橋本市は、「市としては、地元及び周辺区長並びに水利関係者の同意がない限り賛同することはできません」という文書を送っていた。

市に連日苦情が相次ぎ、住民運動がうねりを見せていたからである。しかし、この文書が保健所に届く前に、県はすでに許可を降ろしてしまっていた。息子は検事にこう供述している。

「谷口さんが許可申請する段階で添付しなくてもよいように便宜をはかってくれたからだと思います」

三月から四月初めにかけて、これらの申請は相次いで許可がおり、晴れて操業が認められることになった。

しかし、申請書類の内容はでたらめといってもよかった。焼却施設の届け出の書類に書いた炉の性能は実際に燃やして測った数値ではなく、「カタログ程度のもの」（業者）。焼却炉の仕様書に「ＴＢ―６型―６００」と書いたが、実際には達川の手作りだからそんな型式があるはずがなかった。一日の焼却能力を四・八トンとしていたが、煤塵装置をつけた業者の見積もりだと焼却能力は四、五十トンあった。五トン燃やせる炉の大きさは通常は幅三メートル、奥行き三メートル、高さ三メートルといわれ、大きすぎた。五トン以上だと規制が強まり許可がでるまで数年かかる。そこで一号炉と同様、今回も数字を小さくしたのである。

さらに、新たな炉ではなく、いまある一号炉に変更を加えるだけだとする変更届が出されていた。新しい炉なら事前審査が必要だが、変更届ならその必要はない。こうした抜け道を知る谷口が早く取得できるように入れ知恵したのである。

三月二十五日、使用前検査を終えた県職員二人と保健所員二人は、橋本市のレストランに向かった。

このような時には、保健所側が県職員を接待するのが常識になっていた。四人は二、三千円はしそうな幕の内弁当をたいらげた。ただし、この時、食事代金は達川が持った。検査が終わると保健所の課長に、「食事を用意してある。自分たちは同席しないので」と持ちかけ、課長もそのことばに甘えたのである。

検査を通り、許可を得た。四月十一日、二号炉は産廃を飲み込むと大きな煙を吐き出した。

立ち上がる住民

中間処理施設の許可を正式に得た達川たちは、近所を挨拶してまわった。有力者に商品券を配った。しかし、住民の怒りはいっそう燃えさかった。焼却炉を大きくした分、煙害もさらに激しくなったからである。

住民の陳情を受けて西口勇知事が現地を視察した。

「ごはんの上がハエでいっぱいになります。知事さん、何とかしてください」

秋田馨の訴えに知事は耳を傾けた。どの家も夏になると天井が真っ黒になった。

大阪府堺市から引っ越してきた三好紗千子は「水がきれいで緑のあふれるところと聞いてローンを組んで引っ越してきたのに、黒い煙がぼんぼん出ている。大変なことだ」と、当時を振り返る。主婦を中心に反対運動が起こり、七月には三つの区の住民全員が参加して区長の辻田育文を代表に「産廃処理場を撤去させる会」が結成された。

さすがに県も動かざるを得なかった。九月、業者に「直ちに産廃の搬入を中止すること▽直ちに夜間における産廃の焼却を中止すること▽燃えがらについて別に支持する日までに適正な保管場所を設け保管するとともに適切な処理を行うこと▽県の指導の下に排ガスと排水の検査を実施し、報告すること」とする改善命令を出した。

日本工業所は表向き従うそぶりを見せたものの、深夜と早朝にはひそかにダンプで産廃を持ち込んだ。

炉が詰まってまっ黒な煙を吐き出す。ハエが大発生する。野焼きを行う——。煙害は一向に収まる気配がなかった。周辺地域の住民はぜんそく気味になったり、飼っていた犬や猫が死んだり、木が枯れたりと被害が大きくなっていた。

異動で谷口のいなくなった保健所では、課長自らが指導に当たったり、焼却灰の搬出先を確認しに行ったりと、本来の機能を取り戻し始めた。谷口の言っていたような優良業者などというものではないこともわかってきた。

ある日、焼却炉が壊れた。稼働してまだ一カ月である。

住民が「どうなっているのか」と怒った。

保健所が調査した。

「いま、修理をさせている」

そう答えたが、修理の最中も壊れた炉で燃やし続けていた。

「どうして壊れたのか」

追及された職員は、「三十年以上も前のものを購入している。焼却炉と言っても形だけで中の煉瓦がぼろぼろになっていた。検査の時にはわからなかった」と弁解した。

九七年十月に「撤去させる会」が中村生活環境課長に面会した。

一人が写真を見せて言った。

「野焼きの写真です。違法なので何とかしてください」

中村課長は「これは自然発火ですよ」と問題にしない。

住民たちは、どうしてもっと厳しい措置がとれないのかという思いを募らせてた。

しかし、県も動かざるを得なくなった。

九七年四月、県と日本工業所の間で話し合いがもたれた。

県「五月以降は焼却を中止し、焼却による中間処分業の許可証を自主的に返上してほしい」

達川「返上はしない。かわりに移転先をあっせんしてほしい。移転先が決まるまで現地で焼却を続けたい。跡地も買収してほしい」

何とも虫のいい要求である。

住民運動が高まり、議会でも追及されて県は窮地に陥っていた。こんな業者に許可を与えたのが間違いだったとわかったが、過去の過ちを認めたくはない。すねに傷を持っている職員もいる。そこでひそかに交渉し、「自主返上」をもちかけたのである。だが、それを素直に達川が飲むわけがなかった。

居直った達川に、県はこんな妥協案を持ち出した。

「処分する廃棄物を橋本処分場から搬出して最終処分場に引き取ってもらう。費用は県で面倒見るから」

すべての責任をあいまいにしたまま、県民の税金で尻ぬぐいしようというのである。達川がこの提案に応じたことはいうまでもない。

県は二万一千立方メートルの産廃があると試算し、和歌山環境保全公社が一億五千万円を拠出、その管理は県の産廃協会が行うことが決まった。公社には産業界だけでなく、県からも相当の公費が投入されている。

さらに問題なのは、達川が「他社のダンプは入れさせない」と頑張ったために、一億五千万円をまるまる達川に支払い、達川に自主的に搬出してもらったことである。県はこのころ、達川が信用のおけない人物であり、不法投棄をはじめいくつもの違法状態にあることを知っていたはずである。何か弱みを握られていたのだろうか。

達川は供述調書で、「一億五千万円の資金援助は受けましたが、見積りより台数が増えたので一千万円─千五百万円の赤字でした」と述べている。ところが、この撤去活動を監視した「撤去させる会」によるとまるで違った。

トラックは大量に出入りするのに、肝心の産廃がなかなか減らないのだ。撤去させる会の監視レポートによると、例えば八月は十八日に十五台のトラックが搬出したことを記録している。「搬出ダンプ　積載量極く少量。台数ばかり多く調査必要」。十九日は搬出が十一台、二十日は九台、二十一日は十六台、二十二日は二十六台、二十三日は二十五台。「搬出ダンプ荷物量　荷台すれすれ以下」とある。

八月二十五日から二十九日までの計百二十八台のうち産廃を運んでいると住民が一応認めた台数は十二、ふたがかぶせてあって中が見えない台数が十八、残りの九十八台は非常に少量しか積んでいなかったという。

達川に金を与えて処分させるというずさんなやり方はやがて馬脚をあらわす。搬出したという二万トンの産廃は奈良県などの処分場に運ばれたと報告されていたが、うち四千トンは堺市の同社の保管場所に持ち込まれていることがわかった。和歌山県の税金を使って堺市での不法投棄に一役買ったわけである。堺市は、「廃棄物の搬入をやめるように」と業者を指導するとともに、県に「産廃をどこに持っていったか確認もしていないのか」と抗議した。堺市はその後、三億円の税金を使って撤去するはめに陥る。

ダイオキシン調査

「撤去させる会」は、摂南大学の宮田秀明教授にダイオキシン調査を陳情した。九七年八月、現地に来た教授は、赤さびた焼却炉を見て言った。

「こんな古い炉よく動いていましたな。まるでダイオキシン製造器や」

教授が日本工業所の中で土壌と焼却灰を採取し、九七年暮れに分析結果をまとめた。土壌は二百五十九ピコグラム（ピコは一兆分の一）、焼却灰からは二万九千七百四十ピコグラムの値が検出された。当時、焼却灰は香川県豊島で検出された三万九千ピコグラムにつぐ国内で二番

汚染された地面にシートがかけられ、灰の飛散を防いでいる

目の数値である。土壌も教授が所沢市周辺の土壌から検出した九十六――二百二十ピコグラムを上回っていた。

九八年五月、衝撃的なニュースが「撤去させる会」に飛び込んだ。和歌山県警が谷口と達川の二人を贈収賄の容疑で逮捕したのである。二人とも容疑事実を認め、九月、和歌山地裁で判決が下された。小川育英裁判長は「産業廃棄物問題は環境汚染や地域住民の安全にかかわる重要なものだ。谷口被告は地域住民の健康保持という職責を放棄し、自己の上司に対する贈賄工作にまで加担し、公務員としての廉潔性を傷つけ、住民の信頼を裏切った」として谷口に懲役一年、執行猶予四年、追徴金六十万円、達川に懲役一年、執行猶予三年の判決を言い渡した。

県は「今回の判決を厳粛に受け止めて、再発防止に努めるとともに、環境行政に一層留意してまいりたい」との知事コメントを出しただけだった。そして、日本工業所の産廃業の許可を取り消した。

この事件が現状維持のまま見守るという県の方針を覆した。八月、県によるダイオキシン調査が始まった。「廃棄物はすでに撤去が終わっている。今回は土壌調査」との立場だった。しかし、焼却施設のすぐそばしか調べようとしなかった職員に、「撤去させる会」のメンバーらが「別の場所も調べてほしい」と抗議。職員がもう少し別の場所を掘ると、焼却灰が見つかった。

「このあたりのほとんどのところに廃棄物が埋められている。あなたたちはそんなことはありえないと否定してきたが、それが間違っていたことがわかっただろう」

メンバーに言われ、県の職員は返す言葉がなかった。

この調査で最高千七百ピコグラムが検出され、高濃度汚染されていたことが確認された。

私が現地を見たり、「撤去させる会」や県庁を訪ねたりしたのはこのころだ。中村課長は、「水質調査の結果、ここから汚染物質が外部に流れ出ているという事実が確認できなかったので、このまま様子を見たい」と言うだけで、具体的な質問に応じようとしなかった。

その暮、知事の指示で「ダイオキシン類問題検討委員会」が設置され、補完調査をした。その結果、焼却炉の近くから最高で十万ピコグラムを超えるダイオキシンが検出され、ダイオキシン汚染問題は、一躍、全国から注目を浴びることになる。

住民の重い決断

橋本市の柿の木坂地区の集会所で二〇〇一年二月二十八日、住民投票があった。

不法投棄された産廃は数十万立方メートル、千ピコグラムの環境基準を上回る汚染土壌は数千トンと見積もられている。県は、高濃度の汚染物をどこにももっていけないことから処分場の跡地に浄化装置を設置して無害化処理する方針を決めた。

「撤去させる会」と話し合いを続け、県はジオメルト工法と呼ばれる電極棒を土に差し込み、高温にしてダイオキシンを無害な物質に分解する方法を提案した。米国で実績もあり安全だと県はいうが、日本では実績がない。まずは解体した焼却炉など汚染物十一トンの浄化を小さなプラントで進め、その状況を見てから残りの分を検討するという。

二つの自治会は、集会を開いて受け入れを決定した。新興住宅地である柿の木坂地区の住民のなかでは意見がまとまらず、一世帯一票の住民投票で決着をつけることになった。三百九十二世帯のうち百十二世帯が投票した。

撤去させる会の専門委員が、これまでの経過を説明した。

「事故が起きる心配はないのか」

「住民になんの落ち度もないのに業者と県の違法行為の後始末をしないといけないのか」

住民から意見や質問が相次いだ。だが、どこか別のところへ持っていってもそこに住む住民を困らせるだけだ。現地で保管を続けるか、新しい処理方法にかけてみるか。住民の心は揺れた。

投票が終わると開票に移った。賛成七十四票、反対三十三票、無効五票。地区の決定に従うという委任状が二百四十九あり、現地処理に過半数の賛成が得られた。

かつて赤茶けた焼却炉と選別機のトロンメルが放置されていた処分場跡地も、いまは炉が解体され、環境基準を超えた土壌一面を青色のシートが覆っている。うなりをたてて産廃を搬入してきたダンプカーの姿もなく、「撤去させる会」が立てこもって毎日監視を続けた監視小屋にも人気はない。不思議な静けさに包まれている。思えば、達川がやってくるまではこんなふうに静かでのどかな地域だったのだ。

住民たちが立ち上がって「環境犯罪」を告発しなければ、ダイオキシン汚染は「闇」に葬られていたことだろう。達川と県との癒着はいまも続いていたかもしれない。県はダイオキシン処理について地元と環境保全協定を結んだ後、プラントを設置し、無害化処理が始まった。

しかし、行政に対する住民の不信感はなくならない。住民投票の結果、三地区がやっとの思

「少し掘り返すと産廃がこの通り」と語る撤去させる会の秋田馨さん

いで受け入れを決めた翌日、さらに高濃度の汚染物が六十トンも見つかったと、県がを公表した。

『撤去させる会』の中野豊信は、「能勢町でも同じジオメルト工法を検討していたが、行政への不信感が強く、当分汚染物を現地で保管することが決まった。われわれがどんな思いで全国初のダイオキシン汚染物の現地処理を受け入れたのか、県はわかっているのだろうか。過去に犯した過ちや業者との癒着を反省し、住民に情報を公開する姿勢をもってほしい」と批判する。

最近、病気がちという辻田育文は、これまでの長い道のりを振り返ってこう言った。

「ずっと闘ってきて、私も含め住民はみな疲労困憊した。自分たちに責任がないのに、業者が起こしたダイオキシン汚染の後始末をどうして我慢しなければいけないのかとも思うが、問題を一刻も早く解決するために現地での処理を受け入れることを決断したんです」

達川は、近畿地方のある町で息子と一緒に建築関係の下請けの仕事についている。県から解雇された谷口は和歌山県にとどまった。妻と別れ、塾の講師として再出発したと、風の便りに聞いた。

File.4

不法投棄から不法輸出へ

――マニラ産廃不法輸出事件

有害ごみを日本に送還

厚い雲が東京湾を覆う。午前七時二十分。東京港の大井埠頭に大きな貨物船が横付けされた。黒い船体にパルサーの文字が見える。

コンテナ百二十二個を積んだこの貨物船は一週間ほど前にマニラ港を出た。日本近海に入ると、その上空をテレビ局や新聞社の飛行機が舞い、入港するまで追い続けた。

接岸した船の上空にはマスコミ各社のヘリコプターが飛び、埠頭の一角にロープが張られ、立ち入り禁止の立て看板が立った。

間もなく、クレーンでコンテナをおろす作業が始まった。コンテナの中には産業廃棄物があった。栃木県小山市に本社のある「ニッソー」（伊東広美社長）が「古紙」と偽って、注射針、医療機関の紙おむつなどの医療系廃棄物を含む二千七百トンの廃棄物をフィリピンに輸出した。フィリピン政府から引き取りを求められた日本政府がこの業者に代わって貨物船をチャーターし、日本に持ち帰ったのだった。

二〇〇〇年一月十一日は、不法に輸出された産廃を政府の責任で引き取った初のケースとして記念すべき日であった。

コンテナを積んだパルサー号が入港（東京・大井埠頭）

警備員のすきを見て、私はロープをまたぎ、船に近づいた。積み下ろし作業を見守っていた環境庁の伊藤哲夫・海洋環境・廃棄物対策室長に「この後、この廃棄物をどうするんですか」と訪ねると、伊藤室長は「うーん。近くで一時保管してその後、都内で処理するしかありませんね」と答えた。室長は、前年秋から急展開を見せていた循環型社会法の法制化の作業に忙殺されていたが、さらにこの問題が加わり、ほとんど休みのとれない状態になっていた。

クレーンがうなり声をあげてコンテナを岸壁に移動させる。栃木県と書いた腕章をしている県職員もいた。コンテナは、近くの貨物鉄道会社の敷地で一時保管された後、厚生省の依頼に応じた東京都の焼却施設とこの敷地を借りて焼却処理している産廃業者の手で処理されるという。だが、処理を担当する厚生省は、処理場所を「公表したら環境NGOが反対運動を起こしてうるさい」と伏せていた。

この事件は、外為法や関税法、廃棄物処理法にそれぞれ違反となる。処分する前に、栃木県警と長野県警が立ち会い、中身を点検することになった。

有害廃棄物の越境移動を規制するバーゼル条約に違反しているのではないかと、フィリピン国内で大きな問題になったのは九九年十一月下旬。ニッソーから古紙を輸入する契約を結んだ、マニラでブローカーを営む「シンセイ・エンタープライス」（水口勝弘会長）が、途中から引きとらなくなり、コンテナは、マニラ港で雨ざらしになっていた。税関が開けたところ、大量の廃プラスチックや紙おむつなどが見つかり大騒ぎになった。

現地の新聞は、「受取人のない日本の廃棄物がマニラ港で捨てられていた」（PEOPLES・JOURNAL）「有害廃棄物が入った九十二のコンテナが日本から来た」（TODAY）などと連日大きく報道した。バーゼル条約を所管する環境庁と通産省、厚生省の職員らは、古紙業界の幹部とともにマニラ市に飛んだ。

コンテナを開けると、一・二メートル大の黒いポリ袋で包まれたこん包物がぎっしり詰まっていた。それをナイフで切り裂くと、刺激臭と共に、廃プラスチックと大人用の紙おむつが大量に出てきた。注射器や注射針を入れる袋、薬の瓶もあった。調査団に同行した古紙問屋の大久保信隆社長は「古紙と言えるような代物ではなかった。最近は古紙の相場が回復し、アジア向けの輸出でも、日本の古紙は質がいいと評価が高い。ふらちな産廃業者のせいで、まじめな古紙業者の信頼が傷つけられた」と憤った。

有害廃棄物の越境移動を規制するバーゼル条約は一九九二年に発効した。日本は翌年に加盟、「特定有害廃棄物等の輸出入等の規制に関する法律」（通称・バーゼル国内法）が施行された。電池のくずなど有害物を含む廃棄物を輸出入する際に相手国のチェックを受け、承認が必要だ。引き取り手がない場合、輸出国政府が回収、処分すると決められている。

今回は、業者が古紙と偽ったため、バーゼル国内法のチェックはなく、税関では書類審査だけだった。マニラ港に着いてから医療系廃棄物が見つかり、バーゼル国内法の適用となった。フィリピン政府から引き取りを求められたこともあって、環境庁が厚生省と通産省に連絡を取り、素早い行動を見せた。十二月十九日に三省庁の調査団がマニラに到着、翌日から二十二日にかけて調査し、二十三日、荒大使とシアーゾン外務長官の会談で日本政府が引き取ることが決まった。

しかし、これにかかった二億八千万円は、国民の税金が充てられ、伊東ら「環境犯罪」者の責任追及は後回しにされた。

有価物と言い張る

「ニッソー」の伊東広美社長が栃木県小山市にある県南健康福祉センターの環境部を訪ねたのは九八年六月のことだ。

「古紙をフィリピンに輸出したいと思っている」

そう言って伊東が差し出した契約書には、リサイクル目的の製紙原料をトンあたり六百円で、計八万五千トンを現地のシンセイ・コーポレーションに売ると記載されていた。

担当者は半信半疑だった。「あのこん包されたごみが輸出できるなんて……」。県職員が会社を訪ねると、従業員がこん包した黒のビニールを破って中身を見せた。古紙に廃プラスチックも混じってはいた。

「質は悪いが古紙には違いないか」

職員はいう。

「いまから思えば廃プラスチックもまじって品質は悪かったが、売れるんだと言われるといい返せなかった」

それが後に国際問題に発展するとはこの時点ではだれも予想していない。

伊東が経営難に陥っていた茨城県の中間処理の会社を旧経営者から譲り受けたのは九七年。焼却と破砕の中間処理業を営み、ほかに運送会社なども経営していた。小山市に会社を移し、秋に県の許可もとらずに圧縮・こん包機を設置してからは、近隣住民から、ごみが飛散したり、騒音がひどいなど苦情が絶えなくなった。

さらにダイオキシン規制が厳しくなり、排出基準を守れない焼却炉の稼働が認められなくなり、九八年十月に焼却できなくなった。それでも経営のためにごみを受け入れなければならない。焼却して減量できないのでごみはたまる一方だった。

日に日に高まる住民からの非難や苦情をかわすために、伊東が考え出したのが「サイコロ」と呼ばれる方法だった。集まった廃プラスチック、紙おむつ、注射器、紙など雑多なごみを圧縮・こん包機を使い黒のビニールでくるんでしまう。これだと飛散する心配もないし、ごみが入っていることもわからない一石二鳥の方法だった。敷地内で、一片が一・二メートル大の「サイコロ」が山のように積み重ねられた。

やがて、本社の敷地だけでなく、県内の二カ所に借りた倉庫や敷地に持ち込まれ、すぐに千個以上になった。

その間、県の担当者も何もしなかったわけではなかった。廃棄物の撤去を求める県職員に、伊東は「古紙や廃プラスチックを圧縮して造る燃料のＲＤＦ施設に栃木県は熱心だ。これは有価物だからごみではない。東北の業者に販売して燃料にするからいいじゃないか」と主張した。そう言われると県の担当者は反論できなかった。

「サイコロ」の山を見ながら、県の担当者は行政指導で何とか解決できないかと頭を痛めた。

そんな時、圧縮・こん包機を使って「サイコロ」を作っていることがわかった。圧縮・こん包機は県の許可がいる。

しかし、伊東はのらりくらりと逃げ回った。「許可を取らないとだめだ」と注意されると、「これはまだ、使っていません」。やがて使っているのを県職員に見つかると、「いま止めるとごみがあふれてしまう。許可の手続きをするから待ってほしい」。

担当者がぐずぐずしている間に、「サイコロ」は、長野県、岩手県など他県にも飛び火する。栃木県内だけでも四万個になった「サイコロ」は雪だるまのように膨らんでゆく。

捜査当局の調べでは、当時ニッソーは、二十二社から一立方メートル当たり約四千円で産廃を引き受けていた。それを五分の二に圧縮して「サイコロ」を作るので、「サイコロ」一つ一万円の利益になる。捜査当局の調べでは、九八年暮れの時点で六千二百万円の利益があったという。

伊東は、県の担当者にこんな話もした。秋田県の角館町にある関連会社の「再処理開発センター」が、ニッソーからＲＤＦの燃料を購入するとした書類を見せ、「茨城県でもＲＤＦの製造プラントを造る計画を進めているんだ」と話を広げた。契約書類を見せられた担当者は半信半疑だったが、その計画が実在するかどうかを確認した形跡はない。その後、伊東が指名手配されてから、私が角館町役場に確認すると、町職員は「センターなんて話、聞いたことがない」と笑った。

ＲＤＦというのは、廃プラスチックや紙などを圧縮して作る固形燃料のことだ。燃やさないのでダイオキシンがほとんど出ず、ＲＤＦ施設の設置に住民の理解が得やすいという利点がある。国の肝いりで三重県などが熱心に進めている。栃木県も設置に積極的な県の一つだ。けれども小さな施設なので採算性に問題があるうえ、固形燃料にしても結局は燃やしてしまうために「二重の投資ではないか」と疑問視する声も多かった。

伊東が、茨城県から栃木県に引っ越してきたのは、ＲＤＦでひともうけできるとたくらんだのかも知れないし、あるいは、そう言えば県の信用を得られると思ったのかも知れない。

九九年二月になると、県は、無許可で産廃を圧縮・こん包して「サイコロ」を作る作業が違法行為であり、それを放置すれば不法投棄になるとし、すべて撤去・処理するよう警告書を出した。伊東は、社員にしている弟に「見つからないよう朝にぱぱっとやれ」と指示したものの処理に困った。

前年の暮れ、ニッソーを土木コンサルタントと称する暴力団関係者が訪問したことがあった。男は、「サイコロの処分を請け負いたい」と言った。年が明けると、この暴力団関係者の紹介を受けて、産廃ブローカーも処理の委託を受けたいと申し込んできた。だが、このブローカーは県の許可を受けていない。

そこで伊東は、表向き許可業者と契約した形にすることを思いつき、県の許可を持っている運送業者、処理業者と契約した体裁を整え、このブローカーを統括責任者にした。契約は、運送代が十トン車一台、一回につき五万円、処分代金が一立方メートル当たり六千円だった。

しかし、伊東にはその契約を守る気持ちはなかった。二千七百万円の約束手形をブローカーに振り出していたが、実際に払ったのはわずか三百四十万円。困ったブローカーは、「サイコロ」を無許可の産廃業者に委託して長野県三郷村や大町市の山林に不法投棄させた。こうして不法投棄された「サイコロ」は三千七百トンにのぼる。怪しい産廃業者に暴力団関係者やブローカーがくっつき、金をめぐってもめ、最後に不法投棄というよくあるパターンがここでも踏襲された。

一方、この「サイコロ」のことを知ったフィリピンでブローカー業を営むシンセイ・コーポレーションの会長水口は、フィリピンに「サイコロ」を輸出すれば受け入れる用意があると伊東に持ちかけ、ニッソーが一立方メートル当たり四千七百円払って処理するとの契約が交された。有害な産廃輸出はバーゼル条約とバーゼル国内法で禁止されているのでリサイクルのための古紙と偽り、シンセイがニッソーに対しトン当たり六百円支払うという偽の契約書を作った。

国内で処分を頼めば最低でも八千円はするから、伊東はこの話に飛びついた。

廃棄物を古紙と偽って輸出するには行政のお墨付きも必要だった。九九年七月、水口は通産省の環境指導室を訪れ、「サイコロ」の写真と書類を見せた。「古紙八〇パーセント、廃プラスチック二〇パーセントの有価物です。産廃ではありません」と説明した。職員は、その書類に「本輸出貨物はバーゼル法の規制対象にならないことを確認した」と書いて署名、捺印した。少しでも古紙事情を知っていれば、このような契約書はおかしいとわかるはずである。中身も確認しないで行った職員の軽率な行動が、のちに大問題を招くことになる。

古紙業界によると、中国、フィリピン、韓国などへの古紙の輸出価格はトンあたり八千五百円。数年前、国内需要の低迷で赤字覚悟で始まったが、「今は十分採算がとれる。日本の古紙は品質がいいと評判がいい」（古紙業者）。もともとは、国内需要の低迷で古紙の価格が暴落し、倉庫代にも困った古紙業者が、中国などに出血覚悟で輸出を始めた。だが、品質がいいので価格も上昇し、やがて黒字が見込めるようになった。ピークとなった九八年に四十万トンが輸出された。九九年は国内需要が回復したのを反映して二十五万トン。トン六百円などと契約

フィリピン政府の指摘で、確認作業にやって来た環境庁職員。古紙は、実は産廃だった（1999年12月、マニラ港で）

書に書いてあれば真っ先に疑わねばならない契約内容だった。

ニッソーが輸出しようとした「サイコロ」は、廃プラスチックが大半を占め、注射器や点滴のチューブなど医療系廃棄物も混じり、肝心の古紙は一割もなかった。

フィリピン政府は税関の審査を軽減するため、輸出元で審査機関が調べて書類を作成、提出することを定めている。ニッソーにとってこの審査をクリアすることも必要だった。

四月、伊東は弟に言った。「古紙八〇パーセント、廃プラスチック二〇パーセントの混合物として出すことになった。荷物と申請の中身は違う。それなりの準備はしなければならんねえ」

伊東は、別の業者から古紙で作った「サイ

コロ」を買って、検査の時にそれを見せて検査をすり抜けようと考えた。従業員は、積み上げられた「サイコロ」の前に、古紙で作った「サイコロ」を並べた。検査を代行する会社から検査員が来ると、前にあった「サイコロ」の中身を見せて信用させた。検査員は後に捜査当局に対し、「古紙の品質が悪く、空き缶や布きれなどの異物が混入していたが、その場に立ち会った水口がこの内容でいいと繰り返したことなどから認めた」と話した。

通関手続きを行う東京税関も、古紙・リサイクル目的とされている申請書類を見ると、中身をチェックしないまま受理してしまった。税関の広報担当者は「中身を検査した方がいいことはわかっている。しかし、大量の輸出品をいちいち検査していては業務がマヒしてしまう」と話す。

日本の通関検査では、輸入品については抜き打ち検査などがされるが、輸出は申請書類だけでノーチェックなのだ。

こうしてニッソーは、まず七月に試験的に六十個の「サイコロ」を輸出、八月には「サイコロ」を詰めたコンテナ九十二個分、千六百二十八トン、十月には三十個分、五百三十三トンの産廃を輸出した。朝日新聞栃木支局の記者に対し、ニッソーの元従業員は、「検査日程がわかると、古紙だけをこん包したごみを作った。全部、黒ビニールでこん包してあるから『ほかも同じ』と言えば、中身はわからない。紙おむつでも何でも入れた」と話したという。

しかし、二回目の輸出分から伊東が水口に代金を払わなくなって、処分できずにマニラ港に放置された。それが税関当局の検査で発覚することとなった。水口は外為法違反などの容疑で逮捕され、姿をくらませた伊東も指名手配された。

バーゼル条約

バーゼル条約は八〇年代に欧州からアフリカへの有害廃棄物の不法輸出事件などが相次いだことをきっかけに生まれた。

八八年、ナイジェリアの小さな港町ココにイタリアから約百五十トンのＰＣＢなど計四千トンの有害廃棄物を詰めたドラム缶が送られた。汚染された米を食べた住民十九人が死亡、さらに被害が広がり、国際的な問題となった。イタリア政府が回収に乗り出したものの、ドラム缶を積んだ西ドイツ船籍の「カリンＢ号」が処理するために入港しようとしても各国から断られてさまよい続け、有害廃棄物処理の難しさを物語った。これが有名な「ココ事件」、あるいは「カリンＢ号事件」と呼ばれる事件である。

二〇〇〇年暮れ、私は、イタリア・ボローニャ市にあるエミリア・ロマーナ州政府にデミテリオ・エジリ環境局長を訪ねた。局長は、ココ事件が起きた時、環境大臣に呼ばれ、「専門家として解決策にあたってほしい」と頼まれて陣頭指揮をとった人だった。局長らは、毒物を分析し、どこで安全に処理できるかフランスの化学工場を訪ねたり苦労し、最終的にフィンランドで処理したという。

　ひげをたくわえた柔和なエジリ局長は、しかし、きっぱりと言った。

「この事件は、市民に情報が公開されていないところに一番の問題点があると痛感した。隠れて処分しようとしても反対されるだけだ。それよりも公開して、住民に処分の必要性を説明し、理解を求めることだ。この教訓から情報センターが作られ、有害廃棄物の処理や移動の状態がわかるようにした」

　局長は、ラベンナ工業地帯の環境再生計画、「アルパー」の立案者でもある。コンビナートの企業が撤退して残った遊休地の自然を回復、干潟を再生したり、コンビナート企業に有害物質を保管するタンクの地下化などを進めている。ここでも情報公開が基本に据えられ、企業は環境中に排出したり保管したりしている化学物質の物質名と量を公表している。

　有害廃棄物の越境移動問題は、一九八三年にスイスのバーゼルで、国連環境計画（UNEP）を中心にルール作りの検討が始まった。途上国の大半が、廃棄物の全面的な輸出入禁止を求めたが、先進国が拒否したために合意できなかった。八九年、有害廃棄物の輸出を許可制にして事前審査制を導入、不適正な輸出入が行われた場合は政府に引き取り義務づけなどを設けたバーゼル条約が採択され、九二年五月に発効した。

日本も批准し、環境庁と通産省がバーゼル国内法を制定した。バーゼル法の規制の対象となっている有害廃棄物を輸出入する際、事業者は申請書類を通産省に提出、環境庁が相手国に同意の回答を得るなどのチェックをし、その上で通産省が承認することになっている。九九年度の日本からの有害廃棄物の輸出は三十八件、二千九百二十六トン。輸入は六十五件、千九百三十九トン。鉛蓄電池や使用済みの触媒などが多い。

リサイクル目的だと規制の対象外となることから、これまでも幾つかの「環境犯罪」の疑惑が浮かんだことがある。東海地方のアルミ二次精錬会社は九〇年からアルミ残灰の輸出を始め、九七年までの八年間に五万一千トンを北朝鮮（朝鮮民主主義人民共和国）に送っていた。

朝日新聞社の調べでは、トン当たり四千五百円で北朝鮮が買い取る契約になっていたが、船賃、倉庫料などの経費はトン六千円。九一年以降は北朝鮮から入金がないとして、産廃をリサイクル目的で違法に輸出した疑いがあるとした。これに対し、環境庁は、「アルミ残灰はバーゼル法の規制の対象外だ。北朝鮮側に問い合わせたところ、再利用しているとの回答を得たので問題ない」（海洋環境・廃棄物対策室）とし、うやむやに終わった。

熊本県水俣市にある環境庁の国立水俣病研究センターに、ＷＨＯ（世界保健機関）の西太平洋事務局から調査の応援要請がきたのは九八年暮れのことだ。

台湾からカンボジアに持ち込まれた産廃の汚染で現地の作業員三人が死亡、十人が中毒にかかったという。現地についた坂本峰至調査室長らは、中学校の運動場ほどの広さに二、三メートルの高さで水銀を含む廃棄物が山積みされているのを見た。坂本室長らは、作業の安全確保、井戸の閉鎖などを指示し、帰国したが、その後の分析で水銀が最高三千九百八十四ｐｐｍ、マンガンが同七百七十九ｐｐｍ、鉛が同四百九十九ｐｐｍもの高濃度だったことがわかった。この廃棄物は台湾が引き取ることで決着した。

二〇〇〇年には、在日米軍基地に保管されていたＰＣＢ廃棄物を積んだ船が各地で入港を拒否され、「カリンB号事件」が再現された。三月、米陸軍相模原総合補給廠に保管されていたＰＣＢの一部を積んだ船が横浜港を出港、カナダのバンクーバーに向かったが、港湾当局から入港を拒否された。船はシアトルに向かったがここでも断られ、再びバンクーバーへ。しかし、港湾当局の態度は変わらず、結局、横浜港に戻った。

「危険なＰＣＢを処分もせず、どこかに持っていけばいいというのは許せない」。廃棄物処分場問題全国ネットワーク、グリーンピースなど環境ＮＧＯが港に集まり、抗議行動を繰り返した。国民の批判を受け、船は五月にウェーク島に向かった。その間、神奈川県、相模原市など地元自治体に情報は提供されず、厚生省、環境庁など日本政府の対応も及び腰だった。米軍は、全国の米軍基地にはぜんぶで四百九十五トンのＰＣＢ廃棄物が保管されていることを明らかにしただけで、保管状況や処理、移動の状況を公開していない。

複雑な経路

フィリピンへの産廃輸出が問題になったのと前後して、長野県警は、ニッソーの工場長ら六人を県内で産廃を不法投棄したとして廃棄物処理法違反容疑で逮捕した。伊東の逮捕状をとって行方を追っていた。

九八年春の深夜。三郷村の農地にトラックが廃プラスチックや廃材、病院の点滴袋などの医療系廃棄物を持ち込み、高さ四メートルまで積み上げた。悪臭がひどく、雨が降ると、ごみの山から汚れた水が畑に流れ込み、農家を苦しめた。

これは、ニッソーから受けたこん包物三千三百個を、長野県内の業者が三郷村と大町市に不法投棄したうちの一部だった。逮捕されたこの業者に、懲役二年六か月執行猶予四年、罰金二百万円の判決が下った。刑務所にも入らず、わずかな罰金ですむことが、環境犯罪の減らない原因の一つでもある。長野県は、この二か所に不法投棄された三千七百トンを撤去・処分することにし、二億一千五百万円の税金を投入した。

ニッソーが絡んだ「サイコロ」の不法投棄は、この他、千葉県の山武町の資材置き場に六百個、茨城県関城町に八千個、協和町に一万五千個、波崎町に四千個などを数えた。岩手県一関市では、一万二千立方メートルが埋め立てられ、ニッソーの依頼で埋め立てた社長は金銭トラブルからか、その後自殺した。秋田県では能代市の処理センターに焼却灰七十八トンが持ち込まれた。

伊東は、経営が悪化したり、倒産したりした会社に近づいては乗っ取りを繰り返してきた人物と言われる。

私は小山市向野にある本社を訪ねた。田畑のなかに住宅が点在する。指名手配されてからこの中間処理施設は鉄製の扉が閉められたままになっている。従業員の姿はなく、扉に大きな字で「イトウ　パクリヤ」「ペテンシ」「カネカエセ」と殴り書きされていた。

外には大型トラックが放置されている。塀のすき間から中をのぞくと、撤去もされずに残った焼却炉の脇に、「サイコロ」がうず高く積まれていた。栃木県も茨城県も「サイコロ」の扱いについて頭を痛めている。

医療廃棄物は、病院内で専用の容器に移され、処理業者に渡される。使用後の注射器、紙おむつ、点滴袋など感染性医療廃棄物は、廃棄物処理法で特別管理廃棄物とされ、厳格な管理が定められている。プラスチック製の容器に入れたまま、焼却施設で焼却することになっている。医療廃棄物の大手業者で作る自主基準を守れば、キロ当たり約三百円かかるといわれる。

しかし、競争が激しく、格段に安い価格で請け負っている。例えば、東京都立の病院では、入札で一リットルあたり約二十円で委託していたという。キロあたりに換算すると八十円から九十円になる。

朝日新聞栃木支局の調べでは、「サイコロ」に含まれていた医療廃棄物は、慈恵医大、昭和大、東京女子医大、東邦大からでたものだった。それが幾つかの収集運搬業者を経てニッソーに行き着いた。

この流れが朝日新聞に掲載されると、ある大学は「名前が出たのは困る。ニッソーにごみが渡っているとは知らなかった」と栃木支局に抗議した。大学は処分を委託業者にまかせっぱなしなので最終処分がどうなっているかは確認していない。事件が発覚して大学側がこの業者と契約を解除すると、他の処理業者は「うちならこんな事件は絶対に起こらない」と攻勢をかけたという。

廃棄物の世界は、排出者に比べて処理業者の力が圧倒的に弱い。買いたたかれ、常にダンピングの圧力におびえながらの経営環境が、こうした不法投棄を招いている。

排出者責任の強化を

五月十五日夜、新潟市内で伊東は逮捕された。その間、伊東はマスコミ各社と頻繁に連絡を取り、「リサイクル目的で輸出した」などと弁解を繰り返していた。使命手配中、テレビのインタビューを受けるため、高級ネクタイと高級腕時計を身につけて現れた。宇都宮地裁の公判で、「輸出は水口被告からニッソーのサイコロが千葉県内に不法投棄されていることを役所に通報すると脅され、話に乗らざるをえなかった。廃プラスチックで輸出できるといわれて信用したのに」と、責任を水口に押しつけた。水口も公判で「伊東にだまされた。私は被害者だ」と述べ、責任をなすりあった。

このペテン師たちの起こした犯罪の尻ぬぐいに、国は二億七千六百五十万円の税金を使った。長野県の撤去費用と合わせると約五億円の公費が費やされたことになる。

二〇〇〇年暮れ、「ニッソー」の元従業員に判決がおりた。宇都宮地裁の肥留間健一裁判長は、被告に懲役一年六月の実刑を言い渡し、「相手国国民を侮蔑した無礼千万な行為であり、日本国民の恥である」と述べた。

不法投棄して捕まっても、金がなければ国や自治体に原状回復してもらえる。実刑を受けてもたった数年では結局、やりどくである。

これまでは、排出者がいったん処理業者に委託してしまえば、後の責任は問われずに済んできた。マニフェストと呼ばれる廃棄物管理伝票は、排出者が委託してから無事に最終処分場まで行き着くかどうかを確認し、不法投棄などを防ぐために考案された。しかし、排出者が中間処理業者に委託した段階でこのマニフェストは終了し、次にこの中間処理業者が最終処分業者宛に新たにマニフェストを発行している。このために不法投棄が発覚してもマニフェストはとぎれているので、排出者から「適正に委託した。後のことは知らない」と言われれば、責任を追及できない。排出者にとっては、あとの責任をとる必要がないから、いくらでも産廃業者を買いたたける便利な制度だった。

九一年に廃棄物処理法が改正された際、厚生省が、安きに流れる体質を改めようと見直しに向けて動いたことがあった。第一次改正案がまとめられ、「運搬や処分を他人に委託する事業者は、その処分を行うために通常必要と認められる費用に満たない金額で委託契約を締結してはならない」（第一五条五項）とされていた。処理業者が不当に安い金額で請け負ったり、排出者に買いたたかれて不法投棄や不適正処理に走らないようにと担当者は考えた。産廃業界は「悪い業者を駆逐できる」と歓迎したが、産業界や他の事業官庁の反対でこの条項は葬られた。

しかし、二〇〇〇年の同法の改正では、マニフェストを排出時から最終処分までをひと続きの流れとし、排出者は適正に最終処分されたかどうか確認を求めることになった。また、不法投棄が起きた時、不当に安い金額で委託していたことなどが証明できれば、排出者にも原状回復責任を求めることができるようになった。

経団連は、「排出側に問題がなければ、連帯で責任を押しつけられるのは困る。不法投棄を厳しく取り締まるのが筋だ」と言っていたが、渋々認めた。時代の流れは大きく変わった。ただ、不当投棄でどの程度、排出者責任を問えるかは、実際に法律が動いてみないとわからない。

また、有価物と言えば廃棄物と見なされないごみの定義も大きな問題だ。豊島で起きた産廃不法投棄事件では、業者は「ミミズの養殖に使うから有価物だ」と偽って五十万立方メートルの産廃を埋めた。ドイツなどのように組成や形で決めない限り、今回のように過ちは何度も繰り返される。

植田和弘京都大学教授（環境経済学）は、「排出者の責任を徹底しないから、安い価格で委託した排出者や不法な業者が得をする。環境に悪いことをすれば損する仕組みを確立しないとまた同じことが起こる。また、循環型社会を進めるために古紙の再利用も大切だが、今回はそれが抜け道になった。脱法行為を防ぎながら再利用をどう進めるか、考えていくべきではないか」と話している。

File.5

メールが暴いた汚染隠し——東芝地下水汚染事件

メールで内部告発

「何だ、これは？」

九七年九月。環境庁で電子メールを検索していた職員の一人がパソコンの画面にくぎ付けになった。

そこには、「東芝が、名古屋市内で土壌汚染問題を引き起こし、その隠ぺいを図っています」と始まる文書があった。

名古屋市西区にある東芝愛知工場名古屋分工場の敷地内の地下水から高濃度のトリクロロエチレンが検出され、川崎市にある同社の環境技術研究所を中心に進められている浄化方法の検討内容や本社の指示内容などが事細かに書かれていた。

例えば、こうある。

「ここの浄化実行面でやりにくい点は、リストラ工場ゆえ従業員感情がもつれ、密告するものがでてくること。敷地外に汚染地下水が流出していることは間違いなく、作業は住民に知れることなく行わなければならないこと。従って土木工事は全従業員の移動後、建屋解体に合わせ、かつ外部的には目隠しを生かして進めるべきこと。いくつかの建屋は残し、浄化設備は格納すべきこと」

住民にも行政にも知らせることなく、こっそりやろうというのである。どうしたらばれないかと頭を痛めている。そして浄化方法を二つあげ、安くて目立たない方法をベターだと推薦していた。

さらにメールには、埼玉県深谷工場で発覚した地下水汚染問題にもふれ、右翼団体が説明を求めてきており、今後どう対応するか頭を痛めていることがうかがえる内容があった。

いずれも社内の極秘文書である。しかし、住民の健康を心配したり、企業の社会的な責任に触れるような言葉はみじんもない。

環境基準の八百倍

この内部告発は、すぐさま名古屋市役所に伝えられた。環境保全局は保健所を通じて立ち入り調査の検討に入った。ところが、そのことを市のだれかが東芝にもらしたのか、東芝は市に汚染の事実を告げ、十月三日に市が慌ただしく記者発表するに至った。

発表は市が行っただけで、東芝側は煮え切らない対応を見せた。

私は本社の広報部に電話をいれた。

「濃度も高く地元では大変な問題になっている。本社が責任をもって記者会見したらどうなのですか」

ところが、担当者は何の関心も示さなかった。

「本社は全くあずかり知らないことなんですよ。名古屋の話なので工場で対応します。質問があれば広報部が電話で回答します。本社から名古屋に行くことはありません」

「じゃあ、告発メールの内容は何なのですか。その内容についてお話をうかがいたい」

「本社はいっさい関知していません」

地下水汚染の責任を工場に押しつけ、本社は知らぬ存ぜぬを決め込もうとしていた。

市によると、工場は九六年夏に十三地点でボーリング調査したところ、四地点で地下水の環境基準（一リットル中〇・〇三ミリグラム）を超えるトリクロロエチレンが見つかった。さらに調べた二十四地点のうち十一地点で環境基準を超え、最高で八百倍の二十四ミリグラムだった。工場では、トリクロロエチレンをメッキ部品の洗浄に使い、六三年から八三年までの間に十万二千リットル、ジクロロメタンも一万二千リットルを使っていた。

新聞、テレビがトップ級の扱いで全国ニュースで報道したことに驚いた東芝は、六日、愛知工場の内田八洲雄工場長に記者会見させた。そこで一九八九年にも基準の約百倍、最高二・九ミリグラムのトリクロロエチレンが検出されていたことを明らかにした。

工場長は、「その時点できちんと対応していれば、ここまで汚染が広がらなかったかもしれない」と反省の弁を述べた。けれども、ひそかに調査し住民にわからないように浄化しようとしていたことについて、「隠すつもりはなかった」と言うだけだった。

無責任な会見に住民たちは怒った。十七日、西区の区役所に住民約二百七十人が集まり説明会が開かれた。

「汚染で周辺住民に影響があることを知っていながら隠し続けてきたとは……」

「おかしいじゃないか」

住民から突き上げをくらい、工場幹部は「申し訳ない」とうなだれた。

住民らで「東芝の地下水汚染問題を考える住民の会」（竹内孝夫世話人代表）が結成された。勉強会を開いて、大学教員を呼び、トリクロロエチレンの危険性や地下水汚染の特徴を教えてもらった。

そして東芝と市に説明会の開催や、情報の開示、検討診断の実施を求めた。市も専門家による検討委員会を作った。東芝側からデータの提供を受けて汚染がどのように拡散しているのかを調べ始めた。しかしその一方で、「周辺に井戸水はあるが、飲み水に使っている家はないので大丈夫」と早くも安全宣言した。

トリクロロエチレン、テトラクロロエチレンといった有機塩素系化合物は金属の洗浄剤などに使われ揮発性が高い。発がん性が指摘され、肝臓障害などを引き起こす有害物質である。むやみに住民の不安をかきたてるのもよくないが、汚染の実態もわからない時点でなぜ、「安全」といえるのか。

工場側が基準の百倍の汚染を知った八九年、東芝はもう一つの大きな地下水汚染事件を抱えていた。千葉県君津市の子会社の東芝コンポーネンツ事件である。

八八年、半導体の浄化に使うトリクロロエチレンで地下水を汚染していることがわかり、行政側の知るところとなった。県と市は細密調査を実施し、一年半後の八九年に実態が公表された。八〇年代、米国のシリコンバレーでトリクロロエチレン、テトラクロロエチレンなど有機塩素系の溶剤による地下水汚染が深刻化し、それが日本にも飛び火したのである。

地下水汚染事故を起こした東芝名古屋工場

幸い君津市に地下水汚染対策の専門家がいて、市の指導を受けながら東芝側は浄化に取り組み、それは汚染対策のモデルとなった。しかし、県側が情報を住民

郵便はがき

料金受取人払郵便

名古屋中局
承認

9014

差出有効期間
2026年9月29日
まで

460-8790

101

名古屋市中区大須
1-16-29

風媒社 行

注文書◉このはがきを小社刊行書のご注文にご利用ください。

書　名	部

郵便振替同封でお送りします（1500 円以上送料

風媒社 愛読者カード

書　名

本書に対するご感想、今後の出版物についての企画、そのほか

お名前　　　　　　　　　　　　　　　　（　　　歳）

ご住所（〒　　　　　　　　）

お求めの書店名

本書を何でお知りになりましたか
①書店で見て　②知人にすすめられて
③書評を見て（紙・誌名　　　　　　　　　　）
④広告を見て（紙・誌名　　　　　　　　　　）
⑤そのほか（　　　　　　　　　　　　　　　）

図書目録の送付希望　□する　□しない
このカードを送ったことが　□ある　□ない

に知らせることに消極的で、市は住民と企業、県の間に立って苦労した。地下水汚染はこのほか、岡山県太子町、東京都府中市など全国各地で発覚、「ハイテク汚染」は一躍有名になった。

だが、同じころ、東芝は、名古屋分工場で深刻な汚染がありながらそれを自治体に連絡もせず、最も高いごく一部だけで細々と浄化対策を続けていた。そのずさんさを裏付けるように九七年の調査では1、1ジクロロエチレン、シス1、2ジクロロエチレンが高濃度で検出された。トリクロロエチレンやテトラクロロエチレンが長い時間かけて土の中でこれらに変化した。

工場外の地下水汚染は確実というのに、住民の健康不安の解消はおろか、どうやったらばれないかと汲々としていた。

名古屋分工場は換気扇や機械工具を造っている。四三年に東芝が疎開工場として紡績会社から購入したのが始まりで敷地面積は六万二千平方メートル。高度成長期は冷蔵庫など白物家電の中核工場だったが、九七年には主力部門は瀬戸工場に移転、部品管理センターとして規模は大幅に縮小する予定だった。工場がＩＳＯ１４００１を取得するのに伴い地下水・土壌汚染調査を始めた。

うやむやに終わった調査

市の指導を受けて、工場から外にかけて網を広げて調査をした九八年夏、工場の敷地境界近くの地下水から基準の一万五千倍ものトリクロロエチレンが検出された。下水道のマンホールに近かったことから、「うちじゃない」と工場側が否定、下水道説が浮上した。市が下水道を調べるなど、犯人捜しをめぐって調査は混乱を極めた。

高い濃度がでるたびに工場長は、「工場が原因とは考えにくい」と否定する発言を続け、市民から批判を浴びた。汚染を起こしていったん謝罪はしたものの、「すべての汚染を押しつけられてはかなわない」と、敷地境界線やその外側で高濃度汚染が判明するたびに否定する見解ばかり打ち出していた。告発メールの真偽には何も答えず、会社を守ろうとする姿勢を強めていた。

東芝の姿勢を憂慮した環境庁の水質保全局長は本社の幹部を呼びつけることにした。

「日本を代表するメーカーがいつまでこんなことをしているのですか」

事態の深刻さを知らされ、山本哲也副社長が環境庁で記者会見した。

「地元に情報公開し、誠心誠意浄化を進めていきたい。社の規定に情報公開の規定を織り込んで、化学物質の排出の実態などを自治体に定期的に報告したい」

同時に、九七年秋から全国の二十五の工場の地下水を調査した結果、埼玉県深谷市、川崎市、静岡県富士市、大分市の四工場で、環境基準の一・三倍から一八倍のトリクロロエチレンなどを検出したことを公表、浄化に取り組むことを約束した。

結局、市の検討委員会は、汚染源は敷地外の道路付近で、工場に近づくほど低くなっていることなどを理由に、工場が原因ではないと判断した。市は別に高濃度汚染地点から百メートル以内にある十三の事業所を調べた。過去にトリクロロエチレンを使っていた金属製品の製造所があったが、「廃液は産廃処理業者に委託して処理した」と業者に否定され、市は原因究明をうち切った。

しかし、専門家らはもっと詳細な調査が必要だったと指摘する。例えば、工場の敷地面積が名古屋分工場の半分だった君津市のケースでは二千地点で調べている。それに比べて名古屋分工場では二十メートルから五十メートルごと、六十一地点しかなかった。

「東芝ではないとどうして断定できるのか」と質問した私に、名古屋市の公害対策課長は、「トリクロロエチレンを使っていた金属製品の製造工場が怪しいと私は思う。だが、仮にこの業者だとわかっても何億円もの浄化費用を払えないので原因究明をやめることにした」と答えた。

君津市役所で地下水汚染に取り組んだ鈴木喜計・日本地質学会環境地質研究委員は、「君津市の汚染では、調査のあと生データまで公開し、現場見学もやるなど情報公開して住民の不信感や不安を取り除いた。さらに徹底した調査で汚染のメカニズムを解明した。名古屋ではそれが実行されなかったように思う」と感想を述べた。

結局、工場敷地内の汚染は東芝が、道路などそれ以外の場所での汚染は市の負担で浄化することになった。検討委員会は非公開で、公表された資料は二年間でたった四十ページ。大半の資料も議事録も外部に伏せられたままである。住民側の突き上げで、市は尿検査などを行ったが、健康に影響がなかったと結論づけた。

工場の周辺を歩く。塀のすき間からのぞくと、人気の少ない工場は静まりかえっている。塀づたいにぐるっと工場をひとまわりすると二十分ほどかかった。その周辺には小さな町工場、住宅、商店がひしめき合っている。工場の裏門のそばにあるマンホールのそばに赤のペンキで印をつけた跡があった。かつて汚染を調べた時、超高濃度の値が出た時のマーキングの跡だ。大揺れだった工場も周辺の住宅地も昔のおだやかさを取り戻した。工場の隣では高層マンションの建設工事が進む。

工場の敷地内で同社が行っていた浄化事業は二〇〇〇年でほぼ完了した。敷地外の汚染は市が一億三千万円の予算をかけ、鉄粉をつけた杭を地面に打ち込み、化学反応を起こしてトリクロロエチレンを無害化する方法がとられている。その結果は、二〇〇一年春に区の回覧板で公表された。

「住民の会」の世話人を務めた竹内孝夫（六十六歳）の自宅は、工場の東約百五十メートルのところにある。竹内は、「東芝が隠し続けてきたことへの怒りが強くて運動が始まったが、それが松下など各地で地下水汚染が起きていたことがわかるきっかけになった。当時は署名活動もした。住民の声を市や企業に届け、立ち上がってやることが大切だと思った。できる限り情報を住民に出すことの重要性を教訓にしてほしい」と語っている。

水俣病事件の教訓とは

地下水汚染の源流をたどると、戦前、戦後の高度成長期にかけての工場廃水のたれ流しにいきつく。その典型例は水俣病事件である。

もちろん、情報を隠していたとはいえ、自社の責任で浄化対策を行った東芝と、患者がばたばた死ぬ状況にあっても因果関係を否定し続けたチッソとでは、その差はあまりに大きい。しかし、環境汚染が起きているというのに、企業の都合を優先させ、不都合な情報は公開せず、裏でこっそりという体質はよく似ている。何がそうさせるのか。汚染と被害が顕在化した時、チッソはどう行動したのか追跡したい。

水俣病を発見したのはチッソ水俣工場の付属病院院長・細川一博士だった。五六年五月一日、患者を診た細川博士は、「原因不明の中枢神経疾患が多発している」と保健所に報告した。

その秋、工場新聞は「原因不明の奇病が発生している……助かった者もほとんど全部が不具者になるという恐ろしい病気である」との小さな記事を載せた。新聞を編集していた当時の庶務課長、鎌田正二が細川博士から聞いて書いた。鎌田は「奇病の原因が工場排水とは当時は思いもよらなかった」と振り返る。

その年の十月、工場幹部は毎日新聞の小さな記事にくぎ付けとなった。新聞は、熊本大学医学部の研究班が水俣病の原因としてマンガン説を打ち出し、近くの化学工場が疑わしいと報じていた。

後に水俣病を起こしたとして業務上過失致死傷罪に問われ、有罪になった元工場長西田栄一は、後に熊本地検にこう供述している。

「水俣には他に工場らしい工場はありませんから水俣工場を指すことは一目瞭然でした。私は熊本大の研究班が水俣病の原因として工場廃水を疑っていることをこの時、初めて知りました。原因物質としてマンガンが指摘されていたので、工場では昭和二十七年にマンガンを使用していないのであるからまさかマンガンが原因ではなかろうと思いました」

西田は一九三二年に東大工学部を卒業してチッソ（当時は朝鮮窒素肥料株式会社）に入社、朝鮮半島やスマトラの工場に勤務した。敗戦で帰国し、四九年に生産を再開していた水俣工場の製造部長に就任。五七年一月から六〇年五月までの三年半工場長として過ごした。その後、本社に戻ってからは専務にまで上り詰めたエリートだ。

熊大研究班は海水や魚介類の調査を始め、マンガンからセレン、タリウム、やがて有機水銀説を打ち出し、核心に迫っていた。工場は入念な追試を繰り返し、それに反論した。工場には高価な分析機器と優れた技術者がそろっていた。

技術者のおごり

朝鮮半島の工場など、敗戦でばく大な海外資産を失ったチッソは四五年に水俣工場で硫安の生産を再開、やがて酢酸の原料として使われるアルデヒドは同社の稼ぎ頭となり、日本を代表する化学会社として復興した。その繁栄ぶりに東京にある本社は、「丸の内通産省」と呼ばれた。東大、東工大、東北大、九大といった有名大学からしか採用せず、自由闊達な企業として学生の人気は抜群だった。地元で採用する工員も、「学校で成績が数番以内にないと入れない」

（社員）、まさに「化学の王国」だった。

それに比べて熊本大医学部は地方の一国立大学である。チッソの技術者たちは最初からばかにしてかかっていた。ある元技術者は「田舎大学に誤りを教えてやろうという感覚だった」と話す。

工場次長から五七年一月に工場長に就任した西田は、工場廃水説への反論を急いだ。

西田はこう供述した。

「工場には原因がないと信じていたので、降りかかる火の粉を払うという方法をとったのです。専門の医師が指摘した物質について追試し、疑いを晴らしていくほかないと考えておりました。工場から本当に原因物質を出しているのではないかと真剣に疑えば工場内のことは私たちが一番良く知っているのですからアセトアルデヒド廃水中の水銀に着目することはそれほど困難ではなかったと思います。工場は当事者であり、熊大研究班は第三者ですから、そのような態度は水俣病を対岸の火事視した態度だといわれれば、それは仕方がありません」

西田と共に有罪になった元社長の吉岡喜一は、裁判所の被告人質問で「チッソは一流の会社です。チッソの技術陣より右に出る者は熊本県はおろか、日本中でもないというくらいの誇りを持っておりました」と胸を張った。

しかし、社内に心配する幹部がいないわけではなかった。

当時の取締役の一人はこう振り返る。

「この問題が次第に大きくなり、水俣工場の『わが社は関係ない』という主張が本当なのか疑問で尋ねたことがあった。しかし、取締役会では、西田工場長が熊本大学の研究班を批判し、『うちは絶対に違う』と言い張り、吉岡社長もそれに従ったから強く言えなかった。水俣病の問題は取締役会の正式議題になったことはなかった。田舎で起こっていることだからと、みんなの意識は低かった」

二十五億円という未曾有の利益をあげた五九年の十月。西田は東京本社で方針を検討し、水俣工場に打電した。

「ユウキスイギンセツニタイスル　ハンロンノタメシキユウ　ケントウネガウ」

その夏、熊本大学の医学部部長から文書で銀化合物の使用状況や消費、排出状況を尋ねてきた。〈的を絞ってきたな〉と西田は感じた。

やがて研究班は有機水銀説を発表し、沿岸漁協は賠償を求める動きを強めた。西田は熊本県議会に呼ばれるなど、追及の手は厳しくなりつつあった。工場は反論を急がねばならなかった。

重病患者は百人を超え、なお増え続けていた。水銀で汚染された魚を取らないよう指導するだけでなく、工場排水を止める必要があった。だが、その指導の権限は通産省にある。水産庁の工場廃水停止の要請を、チッソははねつけた。

汚水を浄化するサイクレーター。当時「このサイクレーターができたので、水銀は出ない」と言い張ったがウソだった（チッソ水俣工場）

工場は「工場では無機水銀を触媒に使っているが、有機水銀ではない。廃水を与えた魚をネコに食べさせても発症しなかった。水中にある水銀は農薬が原因だ」とする反論をまとめた。そして、「一点の疑問もない真実の解明が根本であり、科学的立場から厳正なる調査研究が絶対必要である」と結んでいた。

工場は、有機水銀が工場から出るはずがないと思っていた。当時、無機水銀と有機水銀を区別して測る方法は確立していなかったが、実験を重ねてみると、疑いが濃くなった。当時の幹部が後に書いたノートにはこうある。「結果は大した事は得られなかったが有機水銀らしいものを得た」。五九年に工場技術部でまとめた内部報告書も、有機水銀らしきものを検出したと書いていた。

その二年後、工場は実験で廃水から有機水銀を結晶の形で取り出した。メチル水銀である。実験日報はだれでも閲覧できた。当時技術部にいた山下善寛が振り返って言った。「ビーカーの底にメチル水銀の結晶がたまり、きれいな色をしていた。その結晶を見て工場廃水が水俣病の原因だとわかった。しかし、それを漏らしたらクビになると思うと言えなかった」。

こうした山下らの悔悟の気持ちは、第一労働組合を動かし、一九六八年八月「何もしなかったことを恥とし、水俣病と闘う」といういわゆる「恥宣言」を決議する。山下は患者の支援活動にのめり込んでいった。

工場の上司はこの実験を認めようとせず、間もなく研究は中断、このことは秘匿された。

六〇年になると、水俣病の原因を突き止めようと、米国立保健研究所の疫学部長、カーランド博士が工場を訪れた。カーランドは別の文献から塩化ビニールの製造工程が怪しいと感じていた。案内した工場幹部は、塩化ビニールの製造工程を説明しただけで、アセトアルデヒドの製造には触れようとしなかった。

水俣病の原因として水銀を疑っていたカーランドは、帰国した翌月、有機水銀の分析方法に触れた十件以上の論文リストをチッソに送った。だが、チッソは、その資料を生かそうとはしなかった。

後にチッソが大量のアセトアルデヒドをつくっていたと知ったカーランドは、自宅を訪ねた私にこう語ったことがある。

「工場は悲劇的な病気への責任を逃れようとしていた。幹部が工場を案内してくれたが、積極的に何でも説明しようという雰囲気はなかった。塩化ビニールの工場でなく、アセトアルデヒドの製造工程を見せてくれていれば原因究明にたどりつけたかもしれない」

水俣病の裁判でそのことを聞かれた工場幹部はこう答えた。

「博士からアセトアルデヒドのことを聞かれなかったので見せなかっただけです」

細川博士の執念

細川は、有機水銀説を確かめようと、五九年七月、工場排水をえさに混ぜてネコに与える実験を始めた。「四百号」と呼ばれたネコは三か月後、よだれをたらし、踊り狂った。典型的な水俣病の症状である。それを公表しようと相談した細川に、工場幹部は「もっと調べてからにしましょう」と言った。

その幹部も何らかの疑いは持っていたようだ。しかし、上司から強い態度で熊本大に反論するよう命令されるとそれ以上のことはできず、この事実は工場の反論書に盛り込まれることはなかった。その後、実験したネコは次々と発症した。しかし、発表する機会はついに細川に与えられなかった。

西田はこう供述している。

「(反論書に書いたことは) 嘘でした。見解書を作成当時、そのことを私が知っておればこのような反論書は作成しなかったはずであり、そのような事実を正直に書けば、何も反論になりませんので、反論書の作成をとりやめるほかはありませんでした」

細川はのちに、当時を振り返って、「利潤追求のみを考える工場と、生命尊重を第一主義とする小生との間には、思想的に相いれないものがあった」と書いた。

六二年に退職して郷里の愛媛県大洲市に帰っていた細川は六五年、新潟水俣病の発生を知った。東大助手の宇井純に請われて新潟へ向かった。

「これは水俣病と同じ症状です」

患者を診たあと、東京のチッソ本社に向かった。上司に会ってかつて自分がまとめたネコの実験報告書を公にするよう迫るためだった。でも、それを拒まれ、断念した。

しかし、細川の持っている資料はいつ公表されるかも知れなかった。六八年、ある支援者の関係から四百号の実験結果がもれ、新聞で暴露されることになる。

まもなくチッソの入江寛二専務が細川の自宅を訪ねた。

チッソは水俣病のことを本にする計画を進めており、入江が細川から聞き取りをするというのが表向きの理由だった。しかし、細川に暴露されてはチッソが大変なことになると恐れた。細川の真意を探りつつ、理解を求めて、チッソに対する批判に反論する本にしたいと考えていた。

七〇年春、細川は肺がんで入院した。その夏、原告団の要請を受けて熊本の水俣病裁判で原告側証人となり、病院で尋問に応じた。

ベッドのわきに博士のノートがあった。細川の信頼が厚く新潟水俣病裁判に取り組む板東克彦弁護士がそれを開いた。

「あれっ。前と違う」

坂東はかつて細川からこのノートを見せてもらったことがあった。

四百号の実験結果の注の部分が切り取られ、裏表紙にそっくり張ってあったのだ。「実験は続行を切望したが、できなかった……」。いったん切り取った部分には、チッソに不都合な内容ばかりが書かれていた。

細川は、板東の尋問に丁寧に答え、患者に有利な証言を残すと、まもなく亡くなった。板東は、「最後の最後まで付属病院の院長だったという会社の立場と、医者としての良心の間ですさまじい葛藤があったことを示している。先生は人生最後の場で持てるだけの力をふりしぼって証言した」と語る。

チッソは性善だ

その暮れ、チッソは「水俣病問題の十五年　その実相を追って」という本を出版した。その中で入江は「水俣病が起こったことは残念なことだが、少なくとも会社に関する真相については、明白にしておかねばならない。会社はとかく言われるような、道義的に非難されるべきことはなかった、あくまで性善である。企業は永続的な生きた社会的存在である。今後この企業に参加してくる未来の人たちもいる。せめてこれらの人たちに会社の善意と良心だけは知らせ訴えておかねばならない」と訴えた。

そして細川を訪問した話を加え、細川の了解を得たことを強調した。

だが、細川を訪ねるたびに取っていたメモの最後に「後記」としてこうまとめている。

「先生の手元に大学ノートがある。之はその当時の生の日誌みたいなものだ。その中に会社にとって困った内容がある。先生没後、何かのことでそれが相手に見られた時、訴訟に問題を生ずるので私はひそかに未亡人宅に折々親しい人をやって様子を見させている」

「昭和三十二年ごろ、工場長と話し合った。私は大学と手を組んで原因究明に立ち向かうべきではないかと主張した。工場長は、これは化学の問題で、工場に原因があるなどという立証はだれもできない。裁判になっても七年も八年もかかって結局、決着はつかないのが落ちである。こういう科学の裁判というのは最後はわからんということになるんだという見解で極めて確固たる信念であった。工場は外部と隔絶していた」

後の刑事裁判で入江は証人となる。押収されたこのメモのことを検事から問われると、こう答えた。

「当時、精神状態がバランスを失しておりまして、いま考えると、どうしてそういうことを書いたのかと残念に思っております」

患者から殺人罪で訴えられた刑事裁判で最高裁まで争った吉岡と西田は、業務上過失致死傷罪で有罪が確定した。

私は、当時を知る元幹部や社員らを訪ねて回った。

ある元専務はこう言った。

「私はいまも農薬を疑っているんです。それほど大量の患者を発生させるほどのメチル水銀を工場が出したはずがない。いまの価値尺度や科学の水準から何とでも言えるだろうが、当時私たちは精いっぱいのことをした。反対運動の連中から嫌がらせをされて大変な思いをした私たちも被害者ではないのか」

ある元工場長は言った。

「当時は、工場廃水が川や海に出た後どうなるかなんてこと、ほとんど気にならなかった。いまは、技術者として本当に申し訳ない気持ちだ」

地下水汚染は秦野市に学べ

地下水汚染は「見えない汚染」とも呼ばれる。工場や事業者がこっそり危険な物質を地面に垂れ流すと、まず土壌に染み込み、長い時間をかけて地下水に流れ込む。国や自治体が井戸で常時監視しているが、汚染があってもすぐにはわからない。

汚染が発覚した場合にだれが浄化をするのか。東芝のように大企業の場合は「汚染者負担の原則」で汚染者が負担すればいい。しかし、汚染者が特定できない時や、クリーニング店など浄化費用の負担に耐えられない零細企業だった場合にどうするか。どの自治体も頭を痛めている。それがともすれば汚染の起こりにくいところばかり調べて体裁を整えるだけに終わってきた。

多くの自治体は、汚染がわかれば自治体への報告と浄化を義務づけるような法制度や、浄化対策の援助を望んでいる。環境省も二〇〇〇年暮れに法制化を視野に入れて、土壌汚染対策のあり方を審議する検討会を作った。

神奈川県秦野市はかつて地下水汚染に積極的に取り組み、克服した経験を持つ。八九年、名水として知られる「弘法の清水」がテトラクロロエチレンで汚染されたのをきっかけに、対策審議会をつくり、調査と浄化対策の方法を決めた。

翌年から調査を進め、九三年には審議会の提言をもとに、「地下水の防止・浄化条例」を制定、翌年から本格的な浄化にかかった。これまでに四十五社が事業を行い、うち三十社が完了した。

条例は、汚染されている恐れがある場合は、市が基礎的な調査をし、汚染が確認された場合は関係する事業者に詳細な調査を行わせる。過去の汚染者を含め、浄化をさせる。もちろん段階ごとに事業者に弁明の機会をつくり、審議会がそれを判断するという仕組みになっている。また、市が決めた十一の対象物質をどれだけ扱ったかを市に報告することを義務づけている。使用量に課徴金をかけ、それで基金をつくり、水質保全事業に使うことも決めている。キロ当たり十五円で、当時は一千万円近くになったが、企業が削減に努力し、いまでは年間約三百万円に減るという思わぬ副産物もあった。

なくならない地下水汚染

「三年前に汚染を知っていたのに今ごろになって発表するとは」

二〇〇一年二月二十五日。埼玉県与野市の日本ピストンリング本社に約三百人の住民が集まった。

与野工場の地下水から環境基準の四千倍のトリクロロエチレン、二千二百倍の六価クロム、二千七百倍のテトラクロロエチレンが検出された。地引啓修社長は、「みなさんの健康問題と認識し、万全をつくして対策を講じたい」と頭を下げた。

この地域は地下水が豊富で飲み水に使っている家庭も多い。家庭の井戸水から基準の十六倍も検出された。県は九七年に県内の三百十二社で土壌ガス調査をし、九九年一月、反応のあった百六社に詳細調査するよう指導していた。

ところが、日本ピストンリングはそれを怠った。ＩＳＯ１４００１を取得するために二〇〇〇年秋になって調査を始めたところ、汚染がわかり発表したという。埼玉県も最初のガス調査で汚染を知りながら調査を急ぐよう強い指導をした形跡がなかった。住民の一人は、「いまになって浄化なんて遅い。何も知らずこれまでずっと井戸水を飲んでいたんだ」と企業と行政責任を追及した。

午前十時から始まった説明会は、住民の追及が続いて四時間に及んだ。

同社幹部がＯＨＰを使って汚染の状況と対策について説明、謝罪した。

けれども、住民は納得しなかった。
住民「地下六メートルまで調べたというが、この与野の大地は下にいくとドロドロだ。地下水はどのように流れているのか。近くの川でコイが浮いたことがあった。あなたの工場廃水だとは言わないが、どのように浄化しているのか」
社長「とにかく調べたことはみなさんに報告し、できる限りのことはやりたい」
取締役「十二メートルまで地下水があり、調査している。どのように地下水が流れているかは確認したい」
住民「九八年に県が日本ピストンリングの土壌ガスを調べ一定の反応が出た。それでどうしたのか」
県「土壌ガスが検出されたので自主調査をお願いした」
住民「それなのに工場の測定は二〇〇〇年七月になってからだった。しかもその結果も発表しなかった。二年七か月前にわかっていたことで、住民の健康をないがしろにする企業の姿勢だ。もっと責任を感じてほしい。県も一年も二年も放置しているのはおかしい。工場から半径五百メートルの範囲内の家庭のうち百四十軒が井戸水を使っている。水は人間の生活のライフラインなんだ」
社長「重々受け止めます」

取締役「二十三日に発表し、問い合わせのあったところには工場から水を供給している。企業責任はあると思っている」
県「九八年一斉に土壌ガス調査をし、九九年一月に結果がまとまった。反応があった事業所には自主的な調査をお願いした」
住民「じゃあ、日本ピストンリングは九八年時点で汚染をどう認識していたのか。調査が遅れたのはなぜなのか」
取締役「私どもの認識が甘かった。そういうことのないように努めたい」
住民「いまになって浄化するというのは遅い。県や保健所は有害だと知っていたはずだ。会社に対して早く立ち入り検査すべきだったのだ。今ごろになって慌てているのは怠慢ではないか。これまで汚染された井戸水を飲んでいたんだ」
県「法が未整備なのだ。県は企業に地下水と土壌の調査と対策を義務づける条例案を六月の県議会に提案したい」
住民「今回の汚染の原因がどこにあるのか話を聞いてもはっきりしない。対策をとったあと、さらに調査が必要だ」
住民「汚染で資産価値の劣化を招いた。県はどう考えているのか」
取締役「法律に基づいてやってきた。資産の劣化については考えていない」

住民「昔、関連会社にいたから、どのような方法で処理していたか知っている。さっきから垂れ流していなかったと言っているが絶対うそだ。（廃液を）土壌に吸わせていた。溢れると細い水路を通って川に流していた。周辺の井戸を調べて汚染マップを早急に作ったらどうか」

社長「いま、一番やらなければいけないのは健康と安全だ。井戸水の調査を急ぎたい。井戸水を使っている家庭には水を届けます。もう一つ、汚染源をはっきりさせないといけない。過去どこでどういう場所で何をしていたのか、年次別に調べている」

結局、緊急の井戸水調査と住民検診を行うことが決まったが、なぜ、企業の調査が遅れたのか、県はなぜ強く指導せずにいたのかという点には両者とも明確に答えずに終わった。

百パーセントはっきりしないと動かない行政

「法整備されていないからできない」という県担当者の発言は無責任である。県は「二月六日に企業から相談を受けたが、測定方法が国で決めた公定法でなかったので再度、調査し直すように求めた。その結果が出たのが二十一日だった。企業には情報を公開するよう指導してきた」（大気水質課）と説明する。国の決めた測定方法で百パーセント汚染が確定してからでないと県は動けないという理屈である。水俣病事件の時の国や熊本県もそうだった。

もし、中毒を起こし死人が出ていたら、県の監督責任は厳しく問われていたはずだ。ましてこの周辺で井戸水を飲んでいる住民は多い。汚染を知った段階で企業に詳細調査を強く求め、応じない場合は立ち入り調査する。こうした当たり前のことがないがしろにされている。

保健所を管轄する中核都市ではないとはいえ、与野市はこれまでずっとカヤの外に置かれていた。市によると、県が同社の汚染を連絡したのは同社が発表する前日だった。市の担当者は「いくら市に規制権限がないとはいえ、もっと早い段階でなぜ知らせてくれなかったのか」と不快感を示す。

日本ピストンリングの今回の調査も、県の指導が理由ではなく、ＩＳＯ１４００１を取得するためだったことも住民にとってショックだった。国際認証規格のＩＳＯ１４００１は環境マネジメントシステムを構築することで環境リスクの低減を目指している。

汚染があると指摘されながら何もせず、ＩＳＯ１４００１の認証を得る段になって調べるというのでは本末転倒である。この事件は、ＩＳＯの取得が商売の取引の条件になったり企業ＰＲに使われていたりするだけのゆがんだ実態をあぶり出すことにもなった。

地下水汚染はこのほかにも、埼玉県大宮市（現・さいたま市）の大正製薬で基準の二千七百倍のトリクロロエチレン汚染、名古屋市では東邦ガスによる高濃度汚染、愛知県豊田市のトヨタ自動車工場でも大規模な地下水汚染を起こしていたことが発覚するなど、なお続いている。

東芝事件をきっかけに、有害化学物質を扱う事業所に対する汚染調査と浄化、自治体への報告を義務づける法整備が求められた。しかし、産業界の抵抗を恐れた環境庁の動きは鈍かった。

九八年六月、通産省の機械情報産業局長の名前で電気・電子機器業界に一通の文書が出された。「有機塩素系化合物による地下水汚染について」と題する文書は、関係企業に対して有機塩素系化合物を過去に大量に使った企業は調査し、自治体に報告するよう指導してほしいと環境庁から要請があったので対応に努めてほしいとしていた。

業界への指導は通産省に任せ、環境庁は自治体や事業者向けの指針の改定に取り組んだ。事業者に調査と浄化、そして自治体に対しての情報提供などを求めていた。しかし、それがどれほど生かされているかとなると疑問だ。指針は指針でしかなかったことは、その後の日本ピストンリングはじめ発覚した地下水汚染の事例が教えている。

条例化とＰＲＴＲ

独自調査に乗り出しても、強制力を持たせた条例を作ろうという動きは自治体に少なかった。ようやく都が二〇〇〇年暮れに制定した環境確保条例で企業に地下水調査や都への報告を義務づけ、条令化の気運が出てきた。

しかし、これまで井戸水を飲み続け、被害が起きている可能性があるにもかかわらず、百パーセント信頼できる調査結果が出るまでは情報を隠し、自ら対策に乗り出さないというのならそれはおかしい。愛知県はトヨタ自動車から九九年に報告を受けながら、同社が公表に踏み切った二〇〇一年四月までその事実を伏せていた。予防原則に立って情報を公開し、被害を未然防止するという考え方は、この国にはまだ根づいていない。

二〇〇一年四月に施行されたＰＲＴＲ（環境汚染物質排出・移動登録制度）法は、化学物質を環境中に排出している工場・事業所は毎年物質名と排出量を都道府県を通じて国に報告し、国が公表する制度だ。国民が国や自治体に請求すれば工場ごとの排出量もわかる。先の秦野市はこのＰＲＴＲ法の先駆けでもある。

これまで隠されていた企業情報を世間の目にさらすことで、企業が自主的に排出量を減らし、環境リスクを減らしていくことを目的としている。少しずつではあるが、それをもとにした企業と地域住民との「対話」がようやく始まろうとしている。地下水・土壌汚染の世界こそこういう取り組みが必要である。

File.6

「文化財」を「ゴミ」にした教育委員会

——愛知県・旭丘高校校舎建て替え事件

校舎壊すのに必死

クレーンの牙が校舎の壁に食い込んだ。バリバリバリッと周囲をつんざくような音が響いた。破片が地面にぶつかり、砂煙があがった。

「野蛮な行為をやめろっ」

「愛知県民に恥をかかせるな。文化財を守れ」

抗議の声は、重機の音にかき消された。

二〇〇〇年十二月二十八日。

名古屋市東区にある愛知県立旭丘高校で校舎の取り壊し工事が始まった。取り壊しに反対する住民や同校ＯＢら約五十人が集まり、抗議の声をあげた。

重機のクレーンは勢い余って玄関の上の壁の校章に突っ込んで壊してしまった。住民の一人は「何というひどいことをするんだ。もう見ていられない」と涙ぐんだ。

名古屋市に「文化のみち」という散策コースを説明したパンフレットがある。名古屋城から徳川園まで、歴史的景観の建物を紹介している。旭丘高校もその一つとして紹介している。地域住民も戦前に建てられたその建物を慈しみ、親しみをもってきた。それが、重機が校門から入って打ち壊すとは……。

暮れも押し詰まり一般の会社も正月休みに入っていた。もちろん学校は休みだ。そんな時期に、なぜ、慌てて壊す必要があったのか。

一九三八年に建てられた校舎は、タイル張りの外壁・階段教室・円窓など、戦前の特徴を色濃く残している。愛知県教育委員会が四階建ての校舎を壊して建て替えることを地域住民が知ったのは二〇〇〇年に入って解体工事がいまにも始まるという時だった。

旭丘高校の前身は旧制愛知一中。全国有数の進学実績を誇り、スポーツも盛んだ。管理教育で有名な愛知県のなかで生徒たちが制服の自由化を勝ち取り、自由を重んじる校風でも知られる。

校長が「地震がくれば危ない」

同校がOBらにこの問題を知らせたのは九七年。同窓会、鯱光会の記念誌に松原真志夫校長が寄せたあいさつ文だった。

「……時あたかも、本校は、校舎改築の大事業に取りかかりました。阪神淡路大震災後の全国的耐震度調査の結果、予想される東海大地震等において生徒の命が保証できないこととなり、改築の指示が出されました。平成九年度に基本設計、十年度に実施計画を経て、十一年度十二年度に取り壊しと新築が行われ、平成十三年三月に竣工の予定であります。現在の校舎は、昭和十三年に建設されて以来、六十年の長きにわたって青春を育ててきた建物であり、皆様方のご愛着も格別なものがあることとご拝察します。新校舎につきましては、外観は現校舎正面の面影を残して重厚に、内部は近未来対応にし、新世紀に生きる旭丘生にふさわしい学舎になるよう努力を傾けたいと存じます」

県教委によると、戦前に建てられた県内の三つの高校の建て替え計画が進み、最後に旭丘高校が残った。旭丘高校はバブルの崩壊の時期に重なり、財政が厳しくてしばらくは予算要求もできなかった。しかし、最近になって建て替えの申請が認められ予算がついたという。総予算三十三億円。解体による廃棄物は五千五百トンにのぼる。

しかし、会報に目を触れるOBは少なかったし、住民にも説明はなかった。

「住民やOBと相談もなく、こんなこと決めて……」

地域住民にとって、旭丘高校は町並みにとけ込み、慣れ親しんだ建物である。この通りを散歩する人も多いし、学校は地元の人々の誇りでもある。

突然の立て替え計画に疑問の声があがった。

「地震がきたら倒れるっていうのは本当かねえ」

解体工事が始まった旭丘高校（名古屋市東区）

「戦時中にあった大地震でもびくともせんかったじゃないか」

「あの古い建物が地域の雰囲気にぴったりなのに」

「こんな大事なこと何で地元に相談しないんだ」

　校長が寄せた挨拶文では、建物が地震に耐えられるかどうかを調べる耐震調査をした結果、生徒の生命が保証できないとしていた。ところが、ＯＢらが県教委に問い合わせると、肝心の耐震調査をしていないことがわかった。

　耐震調査は、文部省が阪神大震災以後に全国都道府県に指示を出し、都道府県教委がそれにもとづいて学校がどの程度の地震に耐えられるか調べてきた方法だ。強度が足りない学校は、順次補強工事をしているので、建て替えを前提とした調査ではない。

愛知県教委が旭丘高校で行った調査は、建て替えを前提とした耐力度調査といわれるものだった。

耐力度調査は、一定の年限がきた校舎を建て替えようという時、国に申請して補助を受ける際の要件になっていた。

一万点満点とし、A構造耐力（保存耐力、層間変形角、基礎構造、構造使用材料）、B保存度（経過年数、コンクリート中性化深さ及び鉄筋かぶり厚さ、鉄筋腐食度、不同沈下量、ひび割れ、火災による疲弊度）、C外力条件（地域の特色など）の項目を採点。五千点未満だと国庫補助を受けることができる。

旭丘高校の耐力度調査は九五年に行われた。AとBは各百点満点、Cは一点満点で各項目の評価点数をかけて判定する。戦後増築された四階部分の構造耐力が低かったことから得点は四千七百四十二点だった。しかし、一九三八年に建てられた一階から三階までの校舎の構造耐力は百点満点である。

県教委は、建築から六十年を過ぎた校舎は老朽化を名目に自動的に建て替えてきた。

「旭丘高校も五千点以下になったので建て替えるのは当然だ」というわけだ。この結果を知らされた校長らは、鯱光会の理事会やPTA役員の了解を取り付けるためにこのことを説明した。ところが、県教委が校長に正確に説明していなかったため、校長はこれを耐震調査と思いこんだのだった。

疑問の声、続々

「この財政難にどうして堅牢な建物を取り壊す必要があるのか。リニューアルで十分対応できないのか。それに、住民にも知らせず、突然結果だけを知らせるというのは手続き的にもおかしい」

疑問を感じたOBと地域住民の有志は、建築物の保存問題に詳しい名古屋大学の西沢泰彦助教授を訪ねて相談した。西沢助教授は建築史が専門で、歴史的建造物の保存問題に造詣が深かった。

西沢助教授が県が行った耐力度調査の内容を調べると、「建築物の耐震改修の促進に関する法律」による一次診断に当たる構造耐力は特に問題がなかった。全体の点数が低かったのは保存度の点の低さにあった。

しかし、これは建物の経過年数によって自動的に低くなるように設定されていたことに問題があった。しっかりした建物でも単に古いというだけで点数を低くするのはおかしいとして、国は九九年に計算方法を一部改めた。これを旭丘高校に当てはめると五千四百八十七点となり、建て替えの要件を満たしていなかった。

「十分な理解がないのに歴史的建造物を壊してしまうのはおかしい」と感じた西沢助教授は、校舎の保存運動にのめり込んでいった。三月、ＯＢや地域住民で「旭丘高校校舎の再生を考える会」が作られ、西沢は会長を引き受けた。

西沢は言う。

「戦前に建てられた鉄筋コンクリートの建物はみな手作りで造られたために堅牢で大抵が問題のないものだ。むしろ戦後の高度成長期のものこそ手抜きがされ、海砂が使われるなど問題のあるものが多い。例えば私のいるこの工学部の建物は戦後、斬新なデザインで造られたが、構造的には旭丘高校よりもはるかに危険だ」

そして保存の意味をこう語る。

「外側にタイルがはられ、階段教室や車寄せの設置など全国的に珍しい手法を採用している。学術的な価値が高いだけでなく、この建物がこの地域の文化や景色にとけ込んでいる。いくらこの建物に似せたものを建てたところでレプリカはレプリカに過ぎない。大量に建築し、年限がくれば一斉に壊して建て替えるというやり方を続けていたら廃棄物はどうなるのか。循環型社会を目指すというなら、校舎を残し、内部を改修して生徒に保存の意味を教えることが環境教育にもなっていい」

文化財を守るとは

「私たちのまわりには、残してゆきたい風景が意外にたくさんあります。たとえ身近な建造物であっても、ふたたび造ることのできないものなどは、立派な文化財。この数々の建造物を守るために、文化財を資産として活かすことを支援する制度ができました〈文化財登録制度〉です」（文化庁のパンフレットから）

九六年、文化財保護法が改正され、重要文化財などこれまでの指定制度に加えて登録制度が導入された。環境を守る住民運動は、七〇年代以降、健康被害を告発する反公害運動だけでなく、町並みの景観や土木・建築遺産の保存運動に広がった。ドイツやイタリアの都市に見られるように、歴史的建造物を守るために行政は多くの規制を行い、建物の改変、改築を制限している。ベネチアでは、夏になると幾度も洪水にあいながらも、町並みの景観を壊す建物の改変は認めず、市民もそれを当たり前のように受け入れている。規制を受けるのは有名な教会や公共の建物だけではない。

日本でも一九六九年に滋賀県近江八幡市で八幡堀を保全するために「よみがえる近江八幡の

会」が生まれたり、七三年には長崎市の「中島川を守る会」が川にかかる眼鏡橋を守る運動を始めたり、北海道小樽市の「小樽運河を守る会」が運河埋め立てに反対したりし、歴史的景観や建造物を守る運動が全国に広がった。

八九年には、山部の赤人が詠んだことでも知られる景勝地・和歌山市の和歌の浦不老橋の近くに新しい橋を建設する計画に反対する住民が裁判を起こし、全国初の歴史的景観を受容する権利をめぐって争われた。こうした運動は市民権を得て、宮崎県日南市の堀川運河をはじめ、行政もこれまでの姿勢を改めて保全する動きが出ている。

九〇年代に入ると、文化庁は土木建造物を近代化遺産として国の重要文化財に指定するため、総合調査に取り組んだ。こうした動きに触発され、土木学会が九一、二年に「東海地方の近代土木遺産の調査」を行ったのを手始めに全国で調査を実施し、保全すべき土木建造物をリストアップした。水門・橋・水道施設など様々だ。日本建築学会は一九六二年から明治時代の建築物のリストアップ化を始め、七〇年に明治時代の貴重な建築物をの目録を作った。さらに八〇年代には大正、昭和の戦前の建物一万三千件をあげるなど、土木学会に先行して活動してきた。旭丘高校は九八年に目録に入った。

文化庁の文化財登録制度はそれを法律で位置づけた。文化財の指定制度が所有者に保存を義務づけているのに対し、登録制度は事業や観光などに活用でき、緩やかに文化財を守るのが目的である。

将来、重要文化財に指定される候補でもある。国土の歴史的景観に寄与している、再現することが容易でないものなどの基準があり、建設後五十年以上たっていることが条件だ。登録されると固定資産税、敷地の地価税の減税や修理の設計管理費の二分の一の補助が受けられる。

二〇〇〇年三月現在で全国で千五百六十件が登録され、愛知県でも愛知県庁など四十四件が登録されている。文化庁は一万件を目標にしている。

地震にびくともしないのになぜ

西沢も旭丘高校がリストアップされていることを知っていたから、壊されると聞いて耳を疑った。県教委に問い合わせたが、担当者は登録制度のことを知らなかった。

返ってきたのが、「重要文化財でもなく、たいして価値はありませんよ」というそっけない言葉だった。

「何としても残したい」

「再生を考える会」として、県教委に耐震調査を求めることにした。「危ない」という結果がでれば仕方がないが、「問題ない」「修理すれば大丈夫」なら残せるはずだ。ところが、県教委は「建て替えはすでに決まっているので調査するつもりはない。地震が来たらどうかは耐力度調査でもある程度わかるのでいい」と言う。

同校ＯＢでもある河村たかし代議士（民主）も建て替え計画に疑問を抱いた一人だ。国会で文化庁や建設省に問いただし、文化庁から「旭丘高校は文化庁の登録有形文化財の要件を満たしており、県教委から申請があれば登録する用意がある」との答弁を引き出した。

文化庁もこの制度を生かし、何とか保存したいと考えていた。二〇〇〇年三月十六日、県に対して、「旭丘高校校舎は昭和期の学校建築の特徴を備えている。登録有形文化財の登録手続きを行うことは可能だ」とする異例の通知文を送った。

「校舎を取り壊すのを思いとどまれ」というシグナルである。

四月になると、日本建築学会近代建築史小委員会、建築史学会及び日本建築学会東海支部歴史意匠委員会が「校舎は学術的に高い評価を有する」とする文書を県と同窓会に送った。委員会は守られるべき建築物の全国リストをつくり、そのなかに旭丘高校をあげていたから当然の動きだった。

「再生を考える会」は、「最初から建て替えありきはおかしい」「アメニティを損なう」「修繕なら費用が安く、ごみも出ない」と、見直しを求める一方、著名な建築デザイナーの協力を得て、代替案作りにとりかかった。

こうした動きは、全国の新聞やテレビでも取りあげられ、保存の機運は一気に高まった。

世論を気にした県教委は、学者とコンサルタント会社に頼んで補充調査をすることにした。その結果、コンクリートの中性化はあまり進んでおらず部分的な補修で済むことがわかった。

議会は建て替えを承認

しかし、県教委は「六十年たてば建て替えることにしているのは子どもたちに快適な学習環境を与えるためだ。地域の景観は、元の校舎に似せた形にするので問題ない」(財務施設課)と言い出した。技術的には補修ですむことがわかると、今度は在校生の教育環境を持ち出した。

議会に提案し、総事業費三十三億円のうち二〇〇〇年度分として六億八千九百万円が認められた。県議会は共産党を除くオール与党態勢なので見直しを正面から問う議員は極めて少数である。

八月になると、「再生を考える会」とOB、地域住民四千二百七人が名古屋地裁に校舎の取り壊し禁止の仮処分を求めた。いつ工事が着手されるのかわからないことへの対抗措置である。裁判所もこの保存論争に関心を示した。当事者間の利害をめぐる争いではなく、文化を守るとは何か、二十一世紀にふさわしい建築とは何か、という前向きのテーマが争点になっていたからである。

壊される前の旭丘高校（永井充さん提供）

九月十六日、名古屋地裁の河村隆司裁判官が旭丘高校を視察した。
裁判官が「一度、見たい」と要望して実現した。校舎を案内した校長が「暑くて大変です。窓もなかなか開かないし……」とジェスチャーを交えて訴えた。同行した市民の一人は、「建て替えなくても解決できることです」と反論した。裁判官の反応は上々だった。
自民党にも「古き良き建造物の保存・活用を推進する議員連盟」（中川昭一会長）ができ、議員たちが校舎を視察した。「残すべきだ」という意見が多かったが、建設推進で固まる地元の地方議員らの抵抗で、会として歯切れのいい結論を出せずに終わった。河村代議士の働きかけで民主党にも「歴史的建造物を大切にする議員連盟」が発足し、現地視察をした。しかし、地元の民主党の地方議員らは建て替えに賛成していて方針転換は容易ではなかった。

〈藤前干潟の時とまったく一緒じゃないか〉と、私は思う。

名古屋港の奥部に奇跡的に残る干潟を埋め立てごみ処分場にする計画を名古屋市が進めていたころ、民主党の見直し派が現地を視察しようとしたことがあった。ところが、地元の赤松広隆代議士ら地元の代議士と地方議員は推進で固まって視察を阻止、断念させたことがあった。結局、真鍋賢二環境庁長官が市に白紙撤回を迫り、市は埋め立て断念に追い込まれた。オール与党態勢なので議会に行政をチェックする機能がなく、行政側も藤前干潟の教訓を学んでいなかった。

「歴史的建造物を守り文化を後世に伝える会」（代表、前野まさる東京芸術大学名誉教授）も校舎を視察すると、改築の見直しを求めた。しかし、県教委の姿勢は変わらない。

「再生を考える会」は、建築家やプランナーの協力を得て、あとから増築したために弱い四階部分は取り壊し、一階から三階部分はそっくり残して内部をリニューアルするという代替案をまとめた。二つの代替案をつくり、予算は高くてせいぜい二十億円と、県よりも十億円以上安くつくことを示した。

十一月八日、河村裁判官は、「文化財共有権は法律上の具体的権利として認められていない」

として、住民らの申し立てを却下する決定を下した。

一方で、「(県が) 校舎の教育施設としての充実と文化財としての保存とを調和的に実現するための真摯な努力をした様子がうかがえないことを残念に思う。当事者双方及び関係者らが、互いに相手の立場への配慮を示し、取り壊し工事の強行の手段も、それに対する実力行使による阻止の手段も捨てて、時間的制約も十分に考慮しつつ、建築分野の専門家の意見をさらに取り入れ、改築計画が最善のものか否か、真に実現可能な代替案があるか否かを再検討する機会を持つことを強く希望する」と、異例の意見を述べた。

けれども県教委は「われわれの主張が認められたものと受け止めている。生徒の安全を確保し、快適な学習環境を創造するため、改築は必要と考えており、工事は予定通り進めたい」とのコメントを発表するにとどまった。

文化庁が仲裁に

県教委のかたくなな姿勢を心配した文化庁は十六日、県教委の幹部を招いた。

そこで次のようなやりとりがあった。

伊勢呂裕史文化庁次長「旭丘高校の改築問題について、十一月十日の文教教員会で文部大臣が地元で円満に解決が図られるよう当事者双方が話し合うことが必要ではないかという答弁をし、大臣から愛知県へ答弁の趣旨を伝えるようにとの要請があった。ついては愛知県にも円満な解決のために話し合いの場を持つことをお願いしたい。一時工事を停止し、冷却期間をおいて話し合ったらどうか」

渥美栄朗教育長「文部大臣の答弁や裁判所の意見もあるので、それを『再生を考える会』との話し合いのきっかけにしたいと思っている。現時点では現計画を進めたいと考えているが、話し合いの結果によっては柔軟な対応も考えていきたい。『再生を考える会』が裁判所に出した案は問題外である。知事は現計画を進めるのを基本と考えているが、いまの状況のなかで話し合いを行うのはやむをえないと考えているようだ」

文化庁の仲立ちで両者の話し合いが始まった。しかし、外観を残すリニューアル案は論外という以上、県教委に妥協する気は初めからなかった。

一回目の話し合いに入る直前、「再生を考える会」に青木茂美財務施設課長からＦＡＸが送りつけられた。

「県教委としましては、今回の話し合いを建築専門家と再検討の機会とは考えておりませんのであらかじめご承知ください」

会議は、代替案をもとに妥協点を探ろうとする「再生を考える会」と、「改築予算は議会で承認され、各会派の了承も得ている。校舎の文化財価値は低く、登録文化財の登録申請は県の意向で行うものだ」として歴史的遺産としての価値を認めない県教委とでは話がかみあうはずもなかった。

例えば、十一月三十日の話し合い。

会「校舎が古いということはあっても弱いということはない。修理すれば直るものを壊すという前提が不自然だ」

県「基本的には取り壊してきちっとした生徒のための教育環境を造り上げていきたい。これが信念だ」

会「県は校舎が危ないという説明を繰り返し強調しているが、最近はそれがトーンダウンしている。生徒も校舎が危ないという説明に疑問を抱き始めている」

県「（それには答えず、『話し合え』と言った）裁判官がすべて正しいというわけでもないし、だれでも従わなければならないものでもない」

会「中立的な専門家を交えて公開の場で話し合う機会を持ったらどうか。この前、文化庁に行って来た時に『考え直しなさい。検討して下さい』と言われているはずだ」

県「そういう言われ方は全然していない。話し合いは別にいいんですよ。文部大臣だって地方分権に関することは勝手に言えない。私どもは私どもの責任できちっとやっているのだから、文部大臣に何か言われたからヘイコラなんてことはしない」
会「ヘイコラではなくて話し合いをしなさいと言ってる」
県「文部大臣が何言おうが私どもはやるべきことはやっている。仕事としてちゃんとそれなりのけじめをつけながら来ているはずだから、急に何か言われてヘナヘナとするようなことはしない。そんな無責任な仕事は県民に向かってもできない」
会「県が、『これは正しい』とやってきたことが否定されたからこそ、いっぺん話をしたらどうかということだ。全然問題がなかったら、『話をしたらどうか』とは言わないはずだ」
県「私ども議会の議員は誰も反対していない」
会「次回の話し合いだが、それまでに再生案を検討して下さい。私どもも再検討する」
県「私どもは十二月議会で契約案件として議会の同意を得るということで進めている」
会「話を打ち切ることはおかしい。話し合いをしろということは、話だけ聞くということではない。再生案を考えたことはないのか」
県「自ら再生案を考えたことはない」
会「文化財を守ろうとする姿勢がゼロだ。守るためにどういう方法があるのかを議論するのだ」
県「結論は申し上げた」

二十一世紀を迎えてどういう校舎がこれからの教育環境にふさわしいのかを考えるなら、県民から意見や提案を募り、「校舎取り壊し、全面改築」から「現状校舎の凍結保存」まで選択の幅を広げて議論する手はあった。議論を重ねれば、「校舎の文化財的な価値を守り、新しい教育環境を作る」という二つの課題を両立させる選択肢に収斂していったことだろう。

結局、話はすれ違いに終わった。

知事も無関心

二回の話し合いで打ち切りを宣告した県教委に対し、西沢は神田真秋知事あてに次のような要望書を出した。

「この二回の話し合いは実質的な話し合いではではなく、県教育委員会は本会の意見を聞き置くという立場に終始されました。そして、十一月三十日には時間がないことを理由に教育委員会の方々は退席し、話し合いは中断しました。本会としては、今回の話し合いを、よりよい校舎を造り出すための多様な視点からの検討を行う場と認識しておりましたが、教育委員会の方々にはその意識はなく、また、名古屋地裁が決定文書の中で県に建て替え案の再検討を求めていることも無視しております。そこで本会としては、よりよい校舎を造り出すため、貴職および県教育委員会の関係者との話し合いを強く要望します」

知事からは何の返事もなかった。

「再生を考える会」との話し合いのあと、県教委は文化庁にこう報告した。

「全面保存はとても無理。会がつくった再生計画は議会の手続きが考慮されていないので時間がかかる。それでは生徒のためにならない」

この問題を巡っては、同窓会が積極的に校舎の解体を支持していた。他の地域ではOBや同窓会が反対した結果、教育委員会が保存を決めたり、一部保存に変えたりするケースが多い。しかし、旭丘高校では鯱光会会長の安部浩平中経連会長と向山憲男PTA会長が三月、連名で次のような文書を会員宛に送っていた。

「校舎改築につきまして、ごく一部の同窓生から『旭丘高校校舎の再生』についての要望書が出されたと仄聞していますが、誠に遺憾と存じます。……速やかに校舎改築をお進めいただくことが、私ども鯱光会及びPTAの願いであります……」

十二月二十六日にも鯱光会は知事あてに工事の早期着工を求める要望書を出すなど、県教委の応援団だった。

生徒の反応は様々だ。

ある手紙が「再生を考える会」に届いた。

「旭丘高校を取りこわすな」とすわり込んだＯＢと地域住民

「私はこの校舎が好きですが、古い建物だから伝統があるから皆が愛しているからという理由で残すのならば世の中が回っていきません。……反対運動は何年でもできます。でも私たちの高校生活は三年しかないのです」

地元の中日新聞（七月二十八日付朝刊）は、在校生の投書を掲載した。

「旭丘高校の校舎改築について、母親の方からの『生徒最優先で考えるべきだ』という意見がありました。私は在校生ですが、建て替えには反対です。在校生は四月に『校舎は崩壊寸前なので建て直す』という説明を受け、『仕方がない』と改築と納得しました。しかし後になってこの説明が間違いであることが分かりました。生徒には本当のことは何も知らされていません。現校舎には、女子トイレの不足、四階の暑さなど、不便なことがありますが、だからと言って、即建て替えというのはおかしいと思います。こうした問題は改修工事のみで解決できるからです。生徒はこのことを知らないので、建て替えしか方法がないと思っているだけなのです。われわれには情報が全く与えられていません。情報不足の生徒の意見を、全生徒の意見と思いこんでいるのではないでしょうか。戦災に遭った名古屋にとって、戦前の建物は貴重だと思います。私はこの校舎が大好きです。だから何とかして残したいと思っています。『まず建て替えありき』ではなく、残す努力をしてもいいのではないでしょうか。新しい建物はいつでも建てられますが、歴史ある建物は決して建てることができないのです」

座り込みをして解体に反対している市民に運動をやめるように言って来る生徒もいれば、説明しているうちに逆に反対派に回る生徒もいた。だが、生徒会も教職員組合からも、結局声はあがらなかった。

十二月に入って、事態を憂慮した「文化財建造物保存技術協会」の伊藤延男理事長が、校舎玄関を中心とする一部を保存し、他の部分だけ建て替えを認める折衷案を県教委に提案した。県教委は、「工事業者の入札のやり直しや設計の変更が必要になる」と受け入れなかった。

「再生を考える会」が校門前で抗議の座り込みを始めてから二か月近くがたっていた。工事車両の搬入を実力で阻止し、「取り壊しをやめてリニューアルすべきだ」などと書いた横断幕を掲げて訴えた。

県が立案し、議会がいったん了承すればそれを変更するのは極めて困難だという。知事は再考を求めて面会したある政治家にこう言った。「議会が認めたものを私は変えられない。あとは事務方と話し合ってくれ」。

その抵抗も途絶える日がやってきた。工事会社側が行なった工事妨害を禁止する仮処分申請を、名古屋地裁が十二月二十八日認めた。

午後、工事車両が校門の中に入ると、解体に取りかかった。あっという間に校舎は跡形もなくなった。

OBがんばり残った玉名高校

JR熊本駅から鉄道で約三十分。熊本県玉名市にある県立玉名高校は、広い庭に時計塔のある白亜の三階建ての校舎だ。

県立中学の玉名分校として一九〇三年に発足、現在の校舎は三七年、県費だけでは足らず、OBや地域住民が浄財を出して造った。

内部の老朽化が進んだので、阪神・淡路大震災の後に耐震調査をした。結果は「良質の砂とセメントを使い、相当の大地震に耐えられ、補強工事の必要はない」だった。戸田義人校長は「昔、『古くなった』からと、壊されそうになったことがあったが、当時の校長が体を張って阻止した。地域住民が歴史のある校舎に愛着を持ち、環境重視の流れにもかなっているのではないか」と話す。

内部の老朽化が進んだので、二〇〇〇年度から約二億円かけて天井や床などの補修工事を始めた。

開校百周年に向けて記念行事に取り組む同窓会は、グラウンドの隅にある古ぼけた同窓会館をどうするか議論を重ねた。在校生が合宿に使っている。「梁や柱はりっぱでまだ使える」「来世紀は環境の時代。取り壊してごみを出したのは記念事業にならない」という意見が相次いだ。おせじにも立派とはいえない。もともとが古い住宅を購入して会館にしていたもので、文化的な価値があるとは思えない。それでもその会館の木材を使ってリニューアルするという。

案内してくれた教員は「つぶしてしまうのかと思ったら、建築家になったOBが『いや、十分使える』という。時代が変わったんですねえ」と話した。

OBの一人、県住宅課長の松野皆治は「老人のように、建物も年輪を重ねれば大事にされ、尊敬されるべきだ。ごみを出さず、使えるものはできるだけ使い続けることが省エネ、省資源になる。県の財政が厳しくなっていることも大切に使おうという傾向を強めている。戦前の鉄筋コンクリートはすごく良質で壊す必要がどこにあるんですか」と話す。

百周年事業を記念したホームページで、本館保存委員会の石坂章委員長は、「特に我々が誇りにしていますのは、白亜の三層楼にそびえる時計台であります。昭和十二年同窓の校長隈部了孝先生が、三十五周年にあたり県費十五万円に膨らまして、県下に例を見ない白セメントでゴシック風の鉄筋コンクリートのあの校舎を建てられたのです。堂々と胸を張り、全国の人材に伍して活躍する後輩を育成しようとされた熱い思いが今も伝わってきます。鉄筋コンクリートの建物は寿命が来て、県下にあった戦前の他高校の校舎は消えてしまい、玉高だけが残りました」との挨拶を寄せている。

同窓会は、玉名高校の校舎や庭園を国の登録文化財に登録してもらえるよう運動を始めた。文化庁もそれを歓迎している。

大震災にびくともしない神戸高校

兵庫県立神戸高校は、阪神・淡路大震災にもびくともしなかった。三八年に建築されたこの高校の建て替え計画を県は進め、「大震災があれば倒壊します」と説明していた。

阪神大震災に見まわれ、戦後の建造物の多くが倒壊するなか、神戸高校に損傷はなかった。

それでも県は建て替え計画を見直そうとはしなかった。やがて、ＯＢや市民が保存を求めて反対し、県教委は玄関だけを残すという妥協策で落ち着いた。

栃木県立栃木高校、鹿児島県立甲南高校、同鹿児島中央高校、東京都渋谷区立広尾小学校……。保存されているこうした学校は、いずれも耐震上問題はない。

植田和弘京都大学教授は、「頑丈な建物なのに壊してしまうの。もったいないなあ」と旭丘高校の解体を惜しんだ。そして、「歴史的な建築物を残すというアメニティと、長く使いごみを発生させないという二つの面で大きな意味があると思う。戦前の建物は手間をかけてきちっと造られてあり、長持ちするものが多い。日本の高度成長を支配したスクラップ・アンド・ビルドの思想を転換させ、これから街づくりや学校作りを進めることが必要だ」と語る。

鉄筋コンクリートの建築物は戦後の高度成長期に大量に建てられた。建設省が関東地方と長野県の一都八県の建造物について、今後の建築解体廃棄物の発生量を推計した。このまま放っておくと、三十年後には木造建築の廃棄物が一・六倍、それ以外の鉄筋コンクリートの建築物は八・五倍にも達することがわかった。

一定の年限が来たからといって次々と鉄筋コンクリート建築物を壊していたら、処分場はすぐに満杯になってしまう。解体せずにリニューアルして寿命を長くするかが今後のカギだ。建設省も「長持ちする建築物を設計段階から目指すだけでなく、いまの建物を修繕しながら長く使うことが大切だ」と話している。

大量生産・大量消費・大量廃棄の社会をどう改めていくか。それを考えるいいチャンスを、旭丘高校はその歴史的遺産とともに失ってしまった。

File.7

〝豊かの海〟が〝死の海〟に

——諫早湾干潟干拓事業と農水省

赤潮でのり養殖は壊滅

茶褐色に染まった水面が帯状にどこまでも続いていた。二〇〇〇年十二月六日。佐賀県川副町の漁業、山田康幸（五十四歳）は、船で沖に出て驚いた。佐賀県側から長崎県諫早湾にかけて二十キロの赤潮。三十五年にわたる漁師生活で初めての体験だった。

「あるにしたって二月になってからのはずだ。なぜ、この時期に、しかもこんなに広い範囲にかけてなんだろう」

ノリは大丈夫か、ととっさに思った。これほどひどい赤潮は初めてだった。毎年、九月から三月まではノリの養殖、それが終わるとアサリとシバエビ漁に従事している。

心配した通り、沖合のノリは赤潮でダメージを受けた。ノリは黄土色に変色し商品価値はなくなった。川に近い沿岸のノリだけが生き残った。

「そういえば夏におかしいことがあった」と山田は言う。漁をしていると、ウナギや魚の死骸が大量に見つかったという。

赤潮は、海のプランクトンのけい藻が異常発生したことによる。ノリの種つけをしてから一か月たらずの十一月初め、佐賀県側で赤潮が発生した。漁業者らはノリの養殖に影響しないかと心配したが、その不安は的中した。赤潮の勢いは止まらず、十二月四日から六日にかけて福岡、佐賀、長崎、熊本の四県にまたがって発生、有明海一面を茶褐色に染めた。そして重要な漁業資源であるノリの養殖に被害をもたらしたのである。

色落ちし、黄土色に染まったノリは商品価値がない。異常発生したプランクトンに海水中の窒素やリンを含む栄養塩を奪われ、ノリの生育に必要な栄養分が足らなくなって起きた。

真っ先に疑いの目が向けられたのが諫早湾の干拓事業だった。一九九七年に潮受堤防が閉め切られ、干潟の干拓が進むにつれ、その周辺の水質は悪化、近辺では赤潮が幾度となく発生した。それまで豊漁続きだった貝の一種、タイラギはほとんど捕れなくなった。

漁民らは長崎県に「干拓事業のせいではないか」と質した。だが、八日の県議会でそのことを尋ねられると、金子原二郎知事は、「漁場調査委員会が国に設置され、調整池の水質などの環境アセスの検証も行われている」と述べ、国の調査結果を待ちたいというだけだった。白浜重晴農林部長も「諫早湾以外でも赤潮は発生している。有明海はもともと赤潮が発生しやすい状態にある」と、赤潮と干拓事業の因果関係を否定した。

国の新年度予算は大蔵原案の内示がすでにあり、諫早湾干拓事業にほぼ満額の百億円がついた。総事業費二千四百九十億円、二〇〇六年の完成を目指す干拓事業にいささかの影響も与えてはならないという配慮が見える。

諫早湾の埋め立てに反対する立て看板

しかし、漁民の怒りはおさまらない。タイラギ漁はごく小さな地域かもしれないが、ノリ養殖は有明海の漁業の命運を占う重大な問題であった。全国のノリ生産量の約四割を占め、品質がいいので有名だ。それが赤潮の影響で深刻な不作となり、前年の二割から六割という惨憺たる状況である。

元旦、潮受堤防の水門の前で、福岡と佐賀両県の約八百人のノリ養殖業者が、約二百隻の漁船でデモを行った。「宝の海を返せ」「汚水を流すな」と書いた横断幕を掲げ、水門を開けるよう訴えた。約三百人が諫早市にある農水省諫早湾干拓事務所の前で、責任者に面会を求めたが、事務所は無言のまま、ビデオ撮影で応じた。

福岡県有明海漁連傘下の二十六組合長らは、

十日、干拓事務所を訪れ、川嶋久義所長に、事業を直ちにやめて水門を開けるよう申し入れた。川島所長は、「事業との関係を特定するには至っていないはずだ」と反論し、漁民らの怒りを買った。

四十一年前にも

農水省が漁民にとった対応は、水俣病事件のチッソと同じだった。一九五九年にチッソ水俣工場に漁民らが乱入し、警察が出動したことがあった。漁民たちは漁業補償と水俣病の原因究明、毒物の調査と除去などを求めていた。患者が続出し、不知火海でとれた魚がさっぱり売れなくなり、漁民たちは存亡の危機に立たされていた。

昔もいまも環境異変を真っ先に察知するのは漁民である。

「工場廃水を海に流すのをやめよ」と訴える漁民に対し、工場側は「水俣病と廃水との因果関係はわからない」と突っぱねた。いったんは水俣市長の斡旋で三千五百万円、さらに年額二百万円の補償金を払うことで落ち着いたかに見えた。しかし、被害は拡大し、不知火海いちえんの漁民らが決起し、工場の操業停止を求めた。十一月には漁民のデモ隊が工場に突入し、漁民、工場側双方にけが人が出た。

その数日後、国会議員による調査団が来た。「漁民や患者対策など必要なことはできる限りやらせる」と言って帰っていった。しかし、その約束が守られるわけはなかった。原因究明は進まず、被害はますます拡大した。

今回の事件と比べて救いがあるとすれば、農水省は漁民を救うために通産省やチッソと闘ったということだ。

乱入事件が起きた数日後、水産庁で漁業振興課長と西田栄一水俣工場長が激論を闘わせていた。

「操業を一時停止して、排水を出さないようにしてもらいたい」と要求する課長に、チッソ本社の取締役でもある西田工場長は、「病気と工場廃水の因果関係が科学的に証明されていない」と反論した。「多くの人が死んでいる。行政としてお願いしているんです」と課長がいった。西田は「私は農薬が原因だと思う。毎日、廃水を飲んでもいい」と言い放った。

西田が何を言われようと平気でいられたのは、そのバックに通産省がいたからだった。廃水を止める権限は通産省にあり、農水省にはない。通産省は産業振興の名の下にチッソを支援していた。

当時、工場廃水の規制や行政指導を担当していた通産相のOBは、かつて当時のことを尋ねた私にこう言ったことがある。

「通産省と大蔵省が九十点とすれば農水省は七十点。『低脳省』なんてよんでいた（笑）。水俣病事件について通産省の責任なんてない。僕らは国の産業政策を担って産業をここまで育てたんだ」

東大卒で製造会社に幹部として天下りしたそのOBは何にでも点数をつけた。新聞記者、メーカー、自治省、建設省……。その点数で序列化した社会の頂点に自分がいるのだといわんばかりだった。

当時、課長と西田のやりとりを聞いていた水質問題担当技官・井上和夫は、その後、何回も通産省や経済企画庁、熊本県に足を運び、廃水を停止させるよう求めた。しかし、その度にはねつけられて悔しい思いをした。退官後は東南アジアで漁業振興の援助に携わってきた。

井上はいう。

「精いっぱい頑張ったけれど、何ともならなかった。当時、通産省や産業界は工業立国のために沿岸漁業をやめて遠洋漁業に切り替えろと主張し、そのための法案すら準備していた。国会への提出をやめさせることはできたが、結局、沿岸漁業は衰退する一方だった。沿岸から漁民がいなくなったら海は荒れ放題になってしまう。漁民は大切な存在だ」

それから半世紀近く。チッソ水俣工場の工場廃水を止めようと尽力した農水省は、いま、自らの干拓事業によって漁民の息の根をとめようとしている。海を汚し、漁民をいじめる「環境犯罪」の主役になろうとは、何という歴史の巡り合わせだろうか。

漁民を守る側にいるはずの水産庁は被害が深刻化してから一か月以上もたった一月十九日に担当者が現地入りし、船で潮流を調べるにとどまった。渡辺好明水産庁長官は、つい二週間ほど前までは、干拓事業を担う構造改善局長だった。

農水省のなかで水産庁は、一兆円の予算を支配する構造改善局（現・農村振興局）に比べて弱い立場にある。私が尋ねても、「船一隻で行った潮流調査や水質調査結果をまとめても、干拓事業との関連がわかるとは思えない」（栽培養殖課）と説明するだけだ。

クジラ問題では国益を掲げて威勢がいいが、こうした国家プロジェクトとなると腰砕けだ。

魚や海水に有機塩素化合物やＰＣＢがどの程度含まれているか調べようとしたことがあった。専門家の学者らは「魚を調べるべきだ」と主張したが、海水調査にとどまった。しかも、調査結果は長く伏せられていた。いずれも「市場の価格が下がったら困る」と漁業団体に抵抗されたことが原因だという。海洋汚染から漁民を守るという気概がすっかり失われていた。

迷走する政治家

一月二十八日。四県の漁民五千八百六十八人、漁船千三百隻が大漁旗をたなびかせ、水門の外

干拓される前の諫早湾干潟（92年９月撮影）

で大規模なデモをした。こんなにたくさんの船が集まったのは二十年前に長崎南部総合開発計画に反対して以来のことだった。漁民の猛反対で南総計画は縮小され、いまの干拓事業に姿を変える。

山田は、潮受堤防の内側を見た。濁った透明度のない死の海である。

「海が汚れようとお構いなしに干拓工事をし、その汚水を潮受堤防の外に排水している。これでは魚もノリも死んでしまうのがわかる気がした」

山田の場合、ノリの収穫額は前年の半分というが、大牟田市や柳川市の漁民は例年の約二割足らず。「漁船に千五百万円、乾燥機などと合わせると五千万円はかかる。だから、年間千七百万円の売り上げがないと生活していけない」

水門閉め切り後の干潟。車が捨てられていた

と、広江漁協の幹部でもある山田は説明する。

漁民が大規模デモをした翌二十九日、福岡県三橋町の県有明海漁連で谷津義男農水相は、漁民から鋭い突き上げにあっていた。

「十月までに調査結果をまとめたい」

「それでは間に合わない」

「河川、排水、ヘドロを総合的、早急に調査したい」

ノリ被害は、一月中旬以降、新聞やテレビが連日報道し、社会問題に発展していた。谷津農水相は、緊急調査を行うように指示し、さらに「三月に緊急調査の結果を出して、水門を開けるかどうか判断したい」と大きく踏み込んだ。

しかし、水産庁の栽培養殖課長は水門を開けることを否定した。ノリ被害の原因究明で少しでも干拓事業に関係があるとなれば事業そのものがストップしかねないと心配しての動きである。

だが、松岡利勝副大臣が、再び官僚の発言を否定し、二十六日に現地を視察した亀井静香自民党政調会長も「水門を開けてでも調査することにやぶさかではない」と表明し、自民党・古賀誠、保守党・野田毅、公明党・冬芝鉄三の与党幹事長もそろって現地視察した。菅直人・民主党幹事長も現地入りして、「水門を開けて調査すべきだ」と農水省を批判した。菅幹事長はこれまでも何回か諫早湾を視察、事業を批判してきた。それは評価すべきことだが、それならいままでなぜ、地元の長崎県や諫早市の民主党の地方議員がこぞって埋め立てに賛成している事実を何とかしようとしなかったのだろうか。

与野党とも、七月の参議院選に向けたパフォーマンスといってもいいだろう。特に、KSD事件、外務省機密費流用事件、アメリカ原潜による漁業実習船の沈没事故、森総理のゴルフ事件……と、次々と難題を抱える与党・自民党にとってはおざなりな対応はできなかった。四年前とは様変わりである。

九七年四月に潮受堤防の水門を閉め切った後、環境庁の石井道子長官が現地を視察しようとしたことがあった。しかし、藤本孝雄農水相が「検討させてほしい」と抵抗、農水族議員らが反対に回って視察を断念したことがあった。関係者によると、石井長官に迫って長崎行きを断念させたのは村上正邦参院議員だったという。

その村上はＫＳＤ事件で逮捕され、当時視察に反対していた議員たちも今回は一転、視察しては「水門の開放もありえる」と唱和した。

諫早を避ける環境省

漁民たちが「水門を開けろ」と悲痛な叫びをあげていたころ、環境省はお祭り気分に浸っていた。

一九七一年に生まれた環境庁は一月六日、厚生省にあった廃棄物・リサイクル部門をとり込んで、小さいけれど省として発足した。この日、「がんばれ環境省、おめでとう環境省」のタイトルのもと、日本ウォーキング協会の主催で東京・日比谷公園でお祝いの式を開いた。山と海をデザインした環境省のロゴマークが発表され、川口順子環境相は、「このロゴマーク全体の姿で、環境の大切さを心に刻み、それを守る揺るぎない姿勢、環境の世紀に向けての変革への決意を込めています」と説明した。その後、開いた説明会で、「新しい社会の創造に向けて行動する行動官庁でありたい」と強調した。

さらに東京湾の三番瀬干潟を視察し、「千葉県の埋め立て計画を見直すべきだ」と発言し、百一ヘクタールの干潟と浅瀬を埋め立てる県の姿勢を批判した。三月に県知事選があり、埋め立ての是非が争点になりそうなことや、自治体の計画なら非力な環境省でも何とかなりそうだとの狙いが込められていた。環境省には名古屋市が進めていた藤前干潟の埋め立て計画に反対し、やめさせた成功例があった。

しかし、これまで諫早湾干潟の埋め立てには及び腰だった。幹部の一人は、「個人的にはおかしい、埋め立てをやめるべきだと思うが、反対すれば政府の方針にたてつくことになる。農水省と全面対決になり、環境省の手に負いかねる」と話した。

くるくる変わる計画

諫早湾の干拓の歴史は十四世紀までさかのぼる。干拓を繰り返し、耕作地を広げた。戦後は一九五〇年の国土総合開発法のもとで有明海の湾口を閉めきり四万ヘクタールの干拓を行う有明海総合開発計画が練られた。それと連動して一九五二年、諫早湾を堤防で仕切り、一万ヘクタールを埋め立て水田にする「長崎大干拓計画」が構想されたが、総合開発計画が挫折して幻に終わった。

七〇年になると、米の過剰による生産調整と減反政策のあおりを受ける。農水省と長崎県は、米作から畑作・酪農に転換し、淡水湖を造って農業・工業・都市用水を供給するという多目的な「長崎南部地域総合開発計画」（南総計画）を打ち出した。一万ヘクタールを閉め切り、四千八百ヘクタールを干拓し農業と工業用地に使う計画だった。

これに対し、長崎県と佐賀県の漁民が猛反対した。長崎県の元水産試験所研究員・山下弘文は、芥川賞作家の野呂邦暢を代表に据えて「諫早の自然を守る会」を発足させ、漁民と共闘した。八二年に南総計画は中止されるが、翌八三年に農水省と長崎県は、防災を目的に三千ヘクタールを閉め切り、うち千八百四十ヘクタールを埋め立てる「諫早湾防災総合干拓事業」を決めた。

干拓計画はこの半世紀、問題が起きると引っ込み、化粧直しして出される繰り返しだった。反対していた漁民も疲弊し、補償金で解決する道を選んだ。

計画は、干拓した農地は農家に売り渡し、営農規模は、酪農が一戸当たり八ヘクタールに牛五十頭、肉用農家が三・五ヘクタールに百頭、野菜農家は二ヘクタールと想定されている。しかし、主産品の馬鈴薯が計画通り作られると県の生産量は二倍になり、値崩れを起こさないか、調整池の汚染水が農業用水に使えるのか、十アール当たり七十四万円も出して入植する農家がいるのか、といった数々の疑問がある。

干潟は底生生物などが有機物を食べて分解することによる水質浄化機能を持っている。「諫早湾干潟の浄化能力は、三十万人分の下水道処理施設に匹敵し、もしこれに代わる施設を造るには二千億円以上の金額が必要」（水質の専門家）との試算もある。

埋め立て事業は二〇〇〇年完成の予定が六年のびた。総事業費は八六年の着工時千三百五十億円だったのが、一・八倍の二千四百九十億円に膨らんだ。土地改良法は事業の効用が事業費の範囲に収まることを求めており、農水省も「費用対効果分析」を行ってきた。妥当な投資額（農業による収益、防災効果などから算出）を総事業費で割った投資効率が一を切ると妥当性に赤ランプがつく。

諫早干拓の場合、農水省は一・〇二六としていた。ところが、事業費が膨らみ、九九年に公表した数値は一・〇一と黄色ランプが点灯した。ところが、宮入興一愛知大教授らの分析だと赤ランプだという。

例えば、この事業がなかったらどの程度被害を被るかを算定した「災害防止効果」は、前回の七百十五億円から千七百億円に増やした。内訳では堤防が三百二十七億円から九百三億円、道路・鉄道が七十二億円から百九十一億円などとなっているが、その根拠は示されていない。効果には、干拓地に道路を造ることでトラックや乗用車の近道となり得する額も見込むなど、多様な効果を見込んでいる。ところが、費用には干潟の浄化能力の喪失といった「社会的な費用」が加味されていない。干拓事業の核心である「作物生産効果」は、全体の効果の一八・五パーセントしかない。しかも、この数字でさえ、野菜を長崎県の平均反収の二倍とするなどかなり無理してはじいた数字だと指摘する。

宮入教授はＮＧＯがまとめた「諫早干潟時のアセス」で、「農水省の評価は、いわば学生が自分で試験問題を作成し、自分で勝手に回答し、自分で採点して、『合格、合格』と叫んでいるようなもので、それが本当に合格点に達しているかどうかは本当に疑わしい。こんな試験方法が許されるのなら、落第する学生などいなくなる」と酷評している。

南総計画が漁民や環境保護団体の抵抗で止まった一九七四年、農水省の委託で財団法人九州経済調査協会が報告書をまとめた。水資源・自然改造・農業・漁業・環境などの面で検討し、「開発と保全の調和をどこに求めるか」（報告書）をめぐって統一的な評価はできずに終わったが、「環境」に次のような指摘がある。

「諫早湾は国内に残された数少ない自然の干潟生態系の一つであり、保護対象となる水鳥の多くがここに生息するので現状のままで保全すべきものである。干潟生態系の破壊や埋め立てによる開発計画は、文化国家を任ずる日本国民のなるべき行為ではない」「有明海の水質浄化の役目をもつ干潟、干潟の砂は汚水処理場の砂と同じ働きをもっている。ここの水中生態系の自然界における物質循環において、有機物分解という大切な役割をここの干潟生態系がうけもっていることを忘れてはならない」「干潟を埋め立て、ここの水中生態系を破壊することは、有明海全体の魚類の生存に重大な影響を及ぼすものと考えられる」

環境への懸念と影響を正確に言い当てたこの指摘を農水省が生かすことはなかった。

破たんした営農計画

干拓地は県が買収し、その後入植農家に売り渡される。だが、そもそも採算はとれるのか。県がつくる干拓営農構想検討委員会で九九年十一月、次のようなやりとりがあった。

委員（農協組合長）「個別経営なら支援策を決めないと間に合わない。干拓地で馬鈴薯は作るべきではないというのが共通認識。水田馬鈴薯は値段が半分である」

事務局「後背地が一大産地で技術蓄積もある。除塩・熟畑化が進めば収量は確保できる」

委員（大学教授）「畜産や施設などの農業用水としての調整池の水質は大丈夫か」

事務局「畑地かんがい用水として使える基準はアセスでもクリアできることになっている」

結局、事務局が委員らを説得してまとめられた報告書は、馬鈴薯などの畑作を主軸に据え、「県の環境保全型農業のモデル地区に」とうたった。しかし、入植には一戸当たり数千万円かかり、疑問は膨らむばかりだ。すでに諫早湾周辺二市十八町村の耕作放棄地は約二千三百ヘクタールにのぼり、干拓予定地を大幅に上回ってもいる。

農水省の研究所の専門家と埋め立て工事がつづく現地とその周辺を歩いたことがあった。既存の干拓地には野菜や麦が植えられ、素人の目には丹念に栽培されているように映った。

ところが、その専門家はあちこち歩き回ると、私にこう言った。

「水はけがよくないね。もともと干潟は畑作には向いていないから、転作奨励金目当てで単に植えているだけに見える畑が多い。新たに干拓して畑地を作っても塩分と湿気をとるのは大変だ。計画通り馬鈴薯を作ったら長崎県の生産量は二倍に増える。競争が起きて価格が暴落するに決まっている。問題だらけの土地に入植しようという農家がいるのだろうか」

農水省も長崎県もこの問題には頭を抱えている。

例えば九三年に県が「諫早湾地域環境計画」を策定した。そのために専門家らを集めた委員会では、レジャーランド構想、競馬のパドック、ボートのレースコース、レジャー農園など様々な案が出された。本来の営農計画はとっくに破たんし、それに代わるリゾート施設の志向がうかがわれる。入手した非公開の議事録を見ると、県の担当者が「面積の一割を超えると農水省が許してくれない」と言って押しとどめる場面もあるが、営農計画の破たんを前提に議論されている。

九二年に私が会った県諫早干拓室の幹部は、「畑、肉牛の飼育、酪農の三本柱は変わりません。しかし、護岸を親水性にして公園を造って市民の憩いの場にもしないと……」と苦しい表情で語った。

調整池の水質もめどがたっていない。汚れを示す化学的酸素要求量（ＣＯＤ）や窒素、リンなどは、農水省が事業開始前に行った環境アセスメントで予測した目標値（農業用水に使えるとした水質の環境基準値）を大幅に上回り、このままでは農業用水にも使えない。

議事録を改ざん、ねつ造

一九九一年に農水省がまとめた環境アセスメントの評価書は水質について、「調整池の水質は予測からすると十分、環境保全目標を満足する目標になっている」と豪語していた。

評価書は、どの項目も楽観的な記述に満ちていた。

「調整池の水質は平均でＣＯＤが一リットルあたり三ミリグラム、窒素が〇・六九ミリグラム、リンが〇・〇六六ミリグラム」

「潮受堤防内に新たな湿地帯が生じ、コウノトリ、ガンカモにとって新たな生育環境が創出される。チドリは他の在来干潟に移動することが期待されるなど、鳥類に著しい影響を及ぼすことはないと考えられる」

「底生生物は分布域を一部消滅させるが、底生生物の主要出現種は諫早湾に固有の種ではなく、諫早湾やその周辺海域の底生生物にほとんど影響を及ぼすことはないものと考えられる」

「湾奥部に生息するアサリ、サルボウ、アゲマキ、ハイガイなどは海域の一部消滅により生息域を失い、湾中央武に生息するタイラギ、クマサルボウ、アカガイなども生息場の一部を失う。しかし、諫早湾内の貝類には多少の影響を及ぼすものの、他の有明海の貝類にはほとんど影響を及ぼすことはない」

「他の有明海のノリ漁場については、潮流速等の環境変化がほとんど見られないので、ノリの生育や生産などに影響を及ぼすことはないものと考えられる」

……

総合評価「諫早湾奥部の消滅は、干潟域や諫早湾奥部に生息する生物相の生息域や産卵場などを一部消滅させるが、このことが有明海の自然環境に著しい影響を及ぼすものではなく、また、その影響は各地の近傍に限られることから、本事業が諫早湾及びその周辺海域に及ぼす影響は許容しうるものであると考えられる。また、潮受堤防によって、新たに造成される調整池の水質は、予測からすると十分環境保全目標を満足する結果となっている」

ところが、現実には違うカーブを描いた。

それまで日本一だった、渡り鳥の飛来数は、埋め立てが始まると激減した。

水質は、いずれも保全目標を数倍上回っている。月に二回測った農水省のデータによると、締め切りから二〇〇一年二月までの間にＣＯＤ（環境保全目標は五ミリグラム以下）が一〇ミリグラムを超える日が約二十五回あり、ほとんど「どぶ水」と言ってもいい値だ。窒素も目標値の一ミリグラムを下回る日はほとんどなく、大半が一・五ミリグラムから二ミリグラム、リンも目標値の〇・一ミリグラムを下回る日はほとんどない。アセスメントの予測値は工事完成後となっているために、農水省はこれまで「工事中で調整池が安定化していないためだ」と説明してきた。しかし、締め切りから四年たってその説明を素直に受け入れる専門家はほとんどいなくなった。

河川から汚染水が流れ込むだけでなく、この調整池のなかで窒素やリンによるCODの内部生産が始まった。汚染の再生産である。

赤潮の発生件数も、九七年の十七件が二〇〇〇年に三十五件と増えている。今回のノリ被害をもたらしたけい藻赤潮の発生件数も九七年の七件が二〇〇〇年に十五件と増えている。調整池周辺でのアサリやタイラギはほぼ全滅した。有明海の全漁獲量は七九年をピークに下がり続け、タイラギは九七年の三千四百三十二トンが九九年に三百十九トンと見る影もない。

水門を閉め切って国民の批判を浴びた農水省は、水質の専門家による検討委員会を設置した。この委員会は、農水省推薦の委員のほか、環境庁推薦の委員も入って水質のモニタリング評価をしてきた。同省が行ったアセスメントに対して、当時の環境庁は、「工事の途中段階で評価をやり直すべきだ」と意見を述べたこともあって、二〇〇〇年度をめどに農水省が行うアセスの再評価に向けて、どのような調査が必要かを審議していた。

しかし、委員会は年に二回不定期的に開かれるだけだった。会議は非公開で議事録も公開されなかった。農水省が求めに応じて外部に見せるのは、議事要旨といわれるA４大のペーパー数枚。しかも、農水省に都合の悪い発言や結論になると、事務局が発言を削除したり、結論をゆがめたりすることがたびたび起きた。

二〇〇〇年一月に開かれた委員会はその典型だった。

同省「二〇〇〇年度に再評価するが、水質の予測は難しいので、川から流れてくる汚濁物の測定などにとどめることにした」

委員「工事が終わっても目標値を達成できる保証はない。早く水質予測をして対策をとるべきだ」

委員「アセスの時は予測値に自信があると言ったじゃないか。今になってやれないというのはおかしい」

十一人の委員のうち五人が水質予測のやり直しを求めた。同省に同調する委員はなく、農水省側と見られてきた委員長もさすがに否定はできなかった。

委員長が「これらの意見を踏まえ、事務局で十分検討してほしい」と言って、会議は終わった。

ところが、農水省が作成した議事要旨が送られてきて委員らはびっくりした。委員長の発言部分が削除されたり、複数の委員の意見があちこち削られたりしていたばかりか、委員会の最後に事務局が、「水質予測は事業が完了してから行う。今回は（汚濁物の）排出量の予測を行う」と説明し、委員らが了解したような体裁が整えられていた。

「この内容だと、委員会が予測しろと言っているのにやらないことにお墨つきを与えた格好になる。ねつ造に近い」

委員らは反発し、議事録の書き直しを求めた。ある委員は「再アセスを強く求めたのに、表現が弱められたり、削られたりしていた。予測しようとしないのは、悪い数値が出ると干拓計画自体がおかしくなると心配したからだろう」と憤慨する。

農水省の川合勝農村環境保全室長は、「数値が高いのは、工事途中で安定していないから。工事が進めば下がるはずだ。だが、完成後の水質がどうなるか再予測ができるか検討したい」と述べるだけだった。

ノリ被害は、干拓事業を含めいくつもの人為的要因が複合して起きたとの見解で、多くの専門家たちはほぼ一致している。ノリに被害を与えたけい藻プランクトンの異常発生は、①例年より水温が一、二度高く発生しやすい環境にあった、②栄養塩を吸収することによってプランクトンの異常発生を抑える役割をしていた底生生物の多くが諫早湾の埋め立てなどで死滅し、生息数が減った、③諫早湾の閉め切り、熊本新港の突堤建設、筑後川大堰による流入水量の減少などで潮流が変わった——などがあげられている。

佐藤正典鹿児島大助教授は、「いくつかの要因が複合して被害を与えたのだろうが、いずれにしても、諫早湾の埋め立てで底生生物が減って浄化能力が低下したことは否定できない。一番怪しいものを元に戻すのは当然だ」とした上で、「海水を堤防の中に入れながら徐々に混ぜながら開放するしかない」と水門の開放を求めた。

東幹夫長崎大教授は、諫早湾の底生生物の調査に長くかかわってきた。水門閉め切り後の諫早湾とその周辺の五十地点で底生生物を調べた。一平方メートルあたりの生息数の平均値を見ると、閉め切り後の九七年六月には約一万四千だったのが、二〇〇〇年十一月にはわずか約二千と七分の一に減っていた。東教授は「閉め切ってこのようになってしまったから、一刻も早く水門を開けることが必要だ。水門の長さは短いが、それでも調整池が汽水域化すれば自然の回復が始まる」と話す。

水質の専門家の須藤隆一・埼玉県環境科学国際センター総長も「距離が遠いので干潟の汚水が直接ノリにダメージを与えたとは考えにくいが、いくつかの開発によって海の浄化能力が減り、潮流の動きが変化し、それらが複合的に影響を与えたと思う。水門を開けて調査と自然回復をはかるべきだ」と話す。

干潟の面影消える

二〇〇〇年九月二十四日、諫早市の文化会館大ホールは千人近くの市民であふれんばかりだった。「ふるさとを歌う市民コンサート」と題した演奏会は、諫早出身の詩人、伊藤静雄の詩「有明海の思い出」に曲をつけたそのお披露目の場でもあった。メロディが流れた。

馬車は遠く光のなかを駆け去り
私はひとり岸辺に残る
わたしは既におそく
天の彼方に
海波は最後にたぎり墜ち了り
沈黙な合唱をかし処にしている
月光の窓の恋人
くさむらにいる犬　谷々鳴る小川……の歌は
無限な泥海の輝き返るなかを

縫いながら
私の岸に辿りつくよすがはない
それらの気配にならぬ歌の
うち額ひちらちらとする
緑の島のあたりに
遥かにわたしは目を放つ
夢みつつ誘われつつ
如何にしばしば少年等は
各自の小さい滑り板にのり
彼の島を目指して滑り行っただろう
ああ　わが祖父の物語！
泥海ふかく溺れた児らは
透明に　透明に
無数なしゃっぽに化身をしたと

一緒にいた諫早干潟緊急救済本部ボランティアの時津良治は、「詩人が詠んだこんなにすばらしい干潟の光景はもうありません」と残念そうに言った。時津は、地元で会社勤めをしながら、山下の運動に共感しこの世界に入った。市民が歌い、そして在りし日の諫早湾に思いをはせた。

三千五百ヘクタールの広大な干潟を高台から見ると、七キロの潮受堤防が湾を閉め切り、内側の調整池の半分ほどが陸地になっている。内部堤防造りも進む。側面はすでに仕切られ、全面の堤防造りが進んでいる。

東京から一緒に来た世界自然保護基金日本委員会の花輪伸一保護室次長と三人で埋め立て地を歩いた。

背丈を越すセイタカアワダチソウが生え、地面はカキやハイガイの死骸で真っ白だ。道路をダンプカーが忙しく走り回り、電柱が立ち、とてもここが海だったとは想像できない。全国一のシギ、チドリの飛来数を誇ったかつての姿はどこにもない。あまりの変わりように私は声もなかった。

潮受堤防の外では、池から吐き出された汚水でタイラギは死滅、岸辺に朽ちた小さな漁船が横たわっていた。干潟に流れ込む河川は拡幅工事が行われ、調整池の水質を改善するための下水処理場の建設が急ピッチで進められている。時津は、「諫早は、公共工事だらけです。農業用地を造ることではなく、工事をすることに目的があるのではないでしょうか」と嘆いた。

山下弘文、諫早に死す

諫早市で埋め立て反対の運動を続け、二〇〇〇年七月に急性心不全で急逝した諫早干潟緊急救済本部代表の山下弘文（当時、六十六歳）は、亡くなる直前、次のような打開策を考えていた。

ありし日の山下弘文氏

「このままでは干潟は全部死んでしまう。政治家の援護組織を再構築し、政府に圧力をかける。すでに埋め立てられた部分はやむなしとし、それ以外は中止、水門を開けて海水を入れ、水質と自然を回復させる」

山下は、私が環境庁記者クラブに初めて配属された一九九一年からのつきあいである。

「一回、諫早を見てちょうだい

よ」

高台にある山下の小さな家を訪れると、あがり戸口の床に大きな穴があいていた。

「運動につぎ込んでしもうて金がないんや。もうしばらく辛抱したら年金がもらえるようになる。修繕はそれからや」

山下は、やんちゃな目を細めて笑った。

仕事場でこれまでの闘争の歴史を聞いた。そして二人で干潟に出た。どこまでも続く黒々とした干潟を指さしながら、山下はいかにこの計画が許せないかを熱っぽく語った。

夜になると行きつけの店へ。私も酒はけっこういけるので深夜まで話はつきない。というより、私は山下弘文という人物と話をすればするほど、その人間性に惚れ込んでいったと言った方がいい。

長崎大学を出た山下は、長崎県の水産試験所をへて、総評オルグの専従職となる。長く平和問題に取り組んできた。エンタープライズの寄港阻止闘争などをへて、諫早市に移り住み、作家の野呂邦暢をかついで諫早湾干潟の保全活動に乗り出す。

農水省や長崎県に舌鋒を浴びせ、世論を頼みに一気に攻め込むと思えば、内部資料を手に入れたり、学者の援護を得て波状攻撃を加えたり。国も県もほとほと手を焼き、「研究費を援助したい」「研究職に採用したい」との甘言で籠絡しようとしたこともある。しかし、この運動家は清廉潔白の人だった。

その反骨精神は、労働・平和運動で育まれた。妻の八千代とはエンプラ闘争以来の同士である。しかし、山下のその性格は、表ではかっこよく抵抗の姿勢を見せながら裏では権力と手を結ぶ労組の体質に合わない。日本の社会党を中心とする野党と労働組合に染み込んでいた「裏取引」を何より嫌った。

そんな人柄に惚れ込んで何人もが内部情報を届けた。十年以上も隠されていた、干拓事業が防災効果がないことを示した国の報告書を入手した時もそうだった。国の「諫早湾防災検討委員会」は、調整池を六千ヘクタール・三千九百ヘクタール・三千三百ヘクタールの三案を検討し、三千ヘクタール台の案では防災効果がほとんどなく、内部堤防の崩壊の危険すらあることも指摘していた。

九〇年代に入ると、湿地保全に取り組む全国の保護団体をまとめ「日本湿地ネットワーク」を設立し代表を務めた。

九八年の初め。当時私の勤務していた名古屋に山下が立ち寄ったことがあった。

「だれにも言ったらいかんよ。まだ内証や。実はアメリカに呼ばれとる。賞をくれるっていう」

それがゴールドマン賞だと本人が知る数週間前のことである。

「どんな賞でもいい。よかった。おめでとう」

居酒屋で、私から安酒をふるまわれた山下は、ほんとうにうれしそうな顔をした。

一九九八年に環境保護活動家に与えられるゴールドマン賞を受賞、干潟を守るために各地を飛び回っていた。授賞式を終え、米国から帰国した山下は、多分、浦島太郎のような気分にとらわれたのではないかと思う。手ごわいと思われながらも、その主張になかなか耳を傾けようとしなかったいわゆる権力側にいる人々が変わり始めたのだ。経団連が講演を頼んだのもこのころである。

「ゴールドマン賞の威力はすごい。干潟を救うためなら、どこでもいくよ」

自ら「ピエロ」と称して、全国各地を講演で飛び回った。得た報酬は運動につぎ込んだ。その忙しさが、寿命を縮めることになったのかもしれない。

「やっと、年金もらえることになったんや。これで母ちゃんも安心させられる」

山下は亡くなる少し前、同僚と韓国で進められている始華干拓事業を視察した。日本と韓国で同時に起きている環境破壊に心を痛めた。その事業について韓国で書かれた本を翻訳し、『海を売った人びと』を出版した。

そのあとがきにこう記した。

「この干潟が閉め切りによって消滅しようとしています。有明海漁業に影響が出ないはずがないのです。排水門から調整池水位の維持のため放流される水は、ほとんど淡水化が進み、ヘドロ化した汚染水です。漁民はこの水を『毒水』と呼んでいます。諫早湾の締め切りは、有明海漁業壊滅の引き金となりつつあるのです。……海水を導入することにより、一時的には島原半島周辺や有明海の漁業に対する悪影響が大きくなることが考えられます。しかし、このまま放置しておくと、漁業に対する影響は計り知れないものになり、ひいては漁業壊滅の恐れすら考えられるのです。一時的な悪影響を辛抱して、有明海の干潟環境を再び蘇らせることこそが今、早急に求められています」

その後起こった事態を正確に予測し、対策を提言したこのあとがきが絶筆となった。

山下亡き後、八千代がその後を継ぎ、「イサハヤ干潟通信」の発行を受け継いだ。仏壇に山下の写真が飾られている。いつもの笑顔で私たちに語りかけているようだ。

山下の座右の銘は次のような言葉だった。

「連帯を求めて孤立を恐れず、力の限りを尽くして倒れることがあっても、力を尽くさずして挫けることを拒否する」

この言葉は、これを作りだした全共闘の世代からはとっくに消えてしまっていた。しかし、山下はその言葉に忠実に生き、前のめりのまま倒れた。

八千代は言う。

「毎日忙しく働き続けた。ゴールドマン賞の受賞者が集まったアメリカから帰ってきた時はほんとに疲れた様子でした。干拓反対の運動を続け、もう少しというところだったのに突然……。あとは山下の遺志を継いでどう運動を継続させるかで頭がいっぱいです」

漁民との連携

山下がもし、生きていたらどうだっただろうか。亡くなる少し前、もう一度、運動を再構築したいと考えていた。潮受堤防で閉め切られた九七年のギロチン事件のあと、救済本部は東京にもできて、若者たちが多数参加するようになった。けれど、工事は急ピッチで進められ、漁業被害が出ても、農水省は「因果関係がわからない」というだけで、情報公開の求めにも応じようとしなかった。

超党派の国会議員からなる公共事業をチェックする会や諫早湾を考える議員の会もあったが、自民党議員らが抜けて特定の政党の所属議員だけになってからは、活動はほとんど休止状態だった。山下は政治レベルの運動を立て直し、農水省と直接交渉できる場を作れないか、と考えていた。

二〇〇〇年になると、山下は環境庁を訪ね、知り合いの幹部に案を持ちかけた。

「こんな柔軟な案を考えていたのですか」。山下から相談を受けた幹部は驚いた。闘士で鳴らした山下は追及も厳しく、妥協のない激しい人という印象が強かった。しかし、長年の運動とさらにゴールドマン賞の受賞で様々な人に会い、農水省の幹部にもパイプを作りつつあった。

農水省の顔も立てながら、何とか諫早湾を救う道はないかと腐心した。案をうち明けられたことのある一人は、「山下さんなら漁民と連携して農水省と渡り合り、政治家に働きかけ、合意づくりに奔走したことだろう」と語る。

この状況は、漁民が反対に立ち上がったことで、三十年前の南総開発計画によく似ていた。

山下は『だれが干潟を守ったか』でこう書いている。

「佐賀市での漁民総決起集会の約一カ月前の日曜日、私は数人の仲間と南総反対の拠点となった佐賀県太良町竹崎の漁村を訪ねた。公民館は窓が破れ、板の間は荒れはて、一時からという私たちの呼びかけにもかかわらず、一人の漁民も来ない。二時近くになって、ようやく十数人の漁民が集まった。いざ説明に入ろうとすると、漁民から声があがった。その問いは私を驚かすに十分だった。漁民の第一声はなんと『あんたたちは共産党か社会党か、選挙のために来たとか』という思いがけないものであった」

山下は会の歴史から語り始め、そして泊まり込みで何回も酒を酌み交わし、彼らの信頼を勝ち取っていった。

そしてこう記す。

「竹崎漁民とのふれあいは、私自身にとって得難い教訓を得た。それは、『海のことを一番よく知っているのは科学者や技術者ではなく、生命をかけて海で働く漁民であること』『海のことは謙虚に漁民からとことん学んでいくこと』という、きわめて平凡であるが、決定的に重要なことである」

「裁判で争っていては話し合えない」。農水省の幹部に言われ、山下は晩年、埋め立てをめぐって起こした裁判の原告団から一人抜けた。ここに至った山下の苦悩と決断を、農水省の官僚たちはどこまで理解していたのだろうか。

漁民、東京へ

三十年後、有明海の怒れる漁民は中央に攻め上った。

水門を開けろと、福岡県の漁民たちが実力で諫早湾干拓事業を止め、福岡・佐賀・熊本の三県の漁連が水門を開けるよう運動を強めた。谷津農水相は、専門家や漁連代表による第三者委員会を開き、水門の開閉の是非も審議してもらうと確約した。政治主導で官僚たちはそれを制

御することができなくなったのである。

「有明海ノリ不作等対策関係調査検討委員会」（第三者委員会）は三月から四月にかけて四回開かれた。

委員会は清水誠東大名誉教授を委員長に、水質や海洋の専門家、それに福岡・熊本・長崎・佐賀四県の漁連の会長も交えた十五人で構成されていた。先の水質のモニタリングの委員会が戸原義男九大名誉教授はじめ農水省寄りの委員が多く、環境派と呼ばれる委員らが四苦八苦していたのに比べて、この第三者委員会は、干拓推進派は戸原ぐらいで、大半が中立的、または環境問題に熱心な委員たちだった。そこに漁連代表たちが入れば、行き着く先は水門の開放であることは、十分予想できた。

しかし、政治的な衣をまとっていただけに、の

潮受堤防の内側は干陸化が進み、一面雑草でおおわれている

っけからトラブルが発生した。三月三日、第一回目の委員会では漁民代表の委員が、「谷津大臣は委員の一人でも水門を開けろと言えばその意見に従うと言った」と述べ、清水委員長に判断を迫った。事実、谷津農水相は前日の記者会見でそう述べていたから漁民代表の委員らがいうのも無理はなかった。

その二日前、四県から上京した約三百人の漁民は、谷津農水相、松岡副大臣らと交渉した。霞が関の農水省の講堂でのやりとりは、決死の覚悟を感じさせる内容だった。

女性「ひとこと言いたい。諫早湾を閉めて三年の間に三〇パーセントも漁獲高が減り、十数人の方が亡くなった。とれんかったらもっと死亡者がでる。手遅れになったら大臣、首吊らないかん。面子なくしていい方向に向けてもらわんと」

男性「あそこの水は死んだ魚介類で腐っている。権限を持ってるのは国だろう。委員会の学者は一つのことに詳しくても自然は違う。日本は先進国じゃないか。国の施策として干拓事業をやめなくてはダメだ」
男性「一部を残して工事は封鎖する」
大臣「そんなことすると長崎県が騒ぎ出すから」
副大臣「あせる気持ちはわかる。しかし、第三者委員会を見守って下さい。腹割ってやりましょう」
大臣「福岡県漁連の荒巻会長も（委員会に）入っているんだから」
男性「でも、採決されたら」
大臣「採決なんかさせないよ」
男性「第三者委員会にゲタを預けようというのか」
大臣「委員会で結論がでれば水門を開けるよう長崎県へいって頼む」
男性「でも政権が代わったら」
大臣「（怒って）そんなこと関係ない。党派なんか関係ないじゃないか」
副大臣「われわれが政権持ってる限り全責任持ってやる」
後ろの席に座ってしゃべらせてもらえなかった農水省の幹部たちはそのやりとりを苦虫をか

みつぶした顔で聞いていた。

やりとりを聞いていた漁民の一人は言った。

「第三者委員会に責任をかぶせてしまわないか。こっちは本当に大変なんだ」

何とか漁民の怒りを静めたが、漁民に押されて政治家の発言は次第に漁民寄りとなる。二日の記者会見での谷津大臣の発言もそうしたせっぱ詰まった中で起きた。谷津大臣は環境派と呼ばれ、農水相になってからも自民党の環境部会に出席し、同省の幹部から「出るのを控えてください」と忠告されたほどだった。何とか漁民の願いをかなえてやりたいという思いはその言動から私にも伝わった。

清水委員長は、「大臣から聞いていない」と突っぱねたが、漁連の代表らは「そんなことでは帰れない」と突き上げる。その日、会議に出ていた谷津農水相は、途中で会見し、「第三者委員会の判断に従いたい」と述べて前日の発言を撤回した。

会議では、多くの委員から「データが足りないので水門開放の是非を言えない」との苦言が出された。水産庁が調べた有明海のノリ被害の様子や環境省の「特に変化は見られない」という有明海の水質調査の結果などが出されただけで、肝心の調整池の汚染状況などはなにも提供されなかったからである。

三月十三日の二回目の委員会では、諫早市や地元の農業者ら五人が参考人として陳述した。

四人が干拓事業を進めるために水門開放に反対した。

　森山町で農業を営む西村清貴は、「昭和三十八年に入植して大変な排水作業をして農業を営んできた。水門を開けたら海水が侵入して排水ポンプも使えなくなり基盤整備事業もできなくなる」と訴えた。干拓地近くの新宮隆喜小長井漁協組合長も「ここで工事を中断したら、われわれは何のために漁業権を放棄したのかということになる。タイラギやアカガイがとれなくなり、干拓工事に従事して漁場が安定するのを待っているのに、九九年には六年延長を飲んで苦渋の決断をした。われわれの限界を超えている。水門を開けたら漁場は壊滅的な打撃を受けて漁場は再生不可能になってしまう」と述べた。

　新宮組合長が言うのも無理はない。諫早湾の中の漁業に影響が出て、タイラギもアサリもとれず、漁民は埋め立てに反対し、抗議を繰り返した。しかし、「因果関係がはっきりしない」と農水省は逃げ、漁民は廃業して埋め立て事業を請け負う建設会社を作ったり、「工事が終われば水質がよくなり、漁業もできる」という農水省や長崎県の説明を信じて待ち続けるしかなかった。事業に反対していた時に対岸の漁協の応援はなく、「今になってなんだ」と、彼らは思った。

　福岡県の漁民らが車の出入口を封鎖し、干拓工事を実力で止めると、今度は推進派の漁民らが集会を開いたり、船上デモをしたりした。同じ境遇でありながら、干拓事業で真っ二つに引き裂かれたのである。

こうしたやりとりの一方で、長崎県知事が農水省に陳情し、水門開放に反対を訴えた。地元の諫早市も水門開放反対の姿勢を強めた。

環境NGOが底泥調査

三月九日。日本自然保護協会の吉田正人常務理事、村上哲生名古屋女子大助教授らからなる調査団が乗った船が潮受堤防に近づいた。

学者らがいくら調べろと要求しても農水省が頑として受け付けなかった堤防直近の外側の底泥などを調べるためである。

泥をすくうと、腐った臭いがする。手に取ると、貝がいくつもあった。しかし、みんな死んでいる。

「こんなところに生物が棲《す》めるわけがない。長良川と同じだ」

吉田はやるせない気持ちになった。

日本自然保護協会が専門家らの協力を得て組織した調査団は、これまでに利根川と長良川で河口堰が環境に与える影響を調べ、大きな成果をあげてきた。音波探知機を改良して、川の底にたまった泥の分布図を作成した。そして、堰の上流だけでなく、あまり影響を受けないはずの堰直近の下流側にヘドロが堆積し、生物がすめないなど、環境に大きな影響が出ていることがわかった。建設省もこの結果を無視できず、予算をとって同様の調査をすることになった。しかし、せっかくの指摘を農水省は生かそうとしなかった。

今回の調査では堤防の外二百五十メートルから五キロの間に五十センチから五センチの泥が堆積し、ほとんど酸素のない状態になっている。堤防の内側五百メートルに二十センチから六十センチの泥が堆積し、有機物質をたくさん含んでいることなどがわかった。また早朝の干潮時に二回排水され、堤防の外三キロ以上にわたって汚水が広がっていた。

保護協会はこれをもとに水質と底質を悪化させないために農水省は水門を常時開放し、干拓工事を中止すること、環境省は目的もなく有明海の水質を調べていてはノリ不作の原因を特定できないとして、諫早湾の水質と底質に重点を置いた調査をすることを求める意見書を両省に出した。

水質や底質、生物への影響があれば環境省の出番になるはずだ。ところが、環境省は有明海の数ポイントで調べているだけで、「特に変化はない」と言い続けていた。窓口となった水環境部の閉鎖性海域対策室では、事務官の室長と自治体の出向者が担当し、環境省にやる気があるのか疑問を抱かせた。農水省の農村環境保全室を訪ねた吉田に川合室長は、埋め立ての効用

を説き、水門を開けたら大変なことになるとまくしたてた。吉田は、「こんな事態になってい
ても農水省の官僚レベルでは何も変わっていなかった。環境省も本気で取り組んでいるとは思
えない」と残念がる。

水門開放は一年あとに

賛否入り乱れた諫早湾干潟の問題は、二十七日の三回目の委員会が水門の開放を打ち出し、谷津農水相もそれを尊重すると表明したことで、水門開放は決定的となった。

委員会は二回の委員会のあと、調査・研究の進め方を検討する分科会と水門の開放をどうするか検討する分科会にわかれて審議してきた。

調査・研究の分科会の見解は、「水門を開門することでどの程度のはやさでどの程度まで（干潟の浄化能力や自然環境などが）回復するのか、周辺の水質等の環境がどのように変化するのかを調査することが必要である。特に生物学的な影響を評価するためには少なくとも数年間にわたり連続的に開門して調査する必要がある」と、数年間の水門の開放を求めていた。

一方で、「その実行にあたっては、比較と検証のための環境の現状把握を十分に行う必要があるほか、開門に伴う周辺の環境や漁業への影響予測とその緩和策の検討が不可欠である」と

指摘した。

井手正徳・熊本県漁連代表理事会長は、「この学者の結論は水門を開けるのに長くかかると言っている。ノリの種つけは十月から始まる。それでは間に合わない」と食い下がった。

委員会のあと、谷津農水相はこの委員会の意向を尊重することを確認し、水門開放の方針は決まった。しかし、いつ開けるのかはなおはっきりしなかった。

この提言をめぐり、長崎県はその前の週、副知事を筆頭に職員らが各委員の勤める大学や研究所を訪ね、水門開放に賛成しないよう陳情して回っていた。

ある委員は言う。

「副知事がやってきて『話を聞いてほしい』と言う。水門をあけると防災面で困るとか、大変なことになるとかそんな話ばかりだった。かなり心理的圧力を感じた」

ところが、四月十七日に開かれた四回目の委員会では、事前の調査期間を一年とし、それまでは水門を開けないことを決めてしまった。農水省や長崎県が巻き返しをはかり、水門を長期間開けるには巨額の投資が必要だと訴えた。漁民の意見を尊重する三回目までの雰囲気は薄らぎ、傍聴者は委員会の変質を感じとった。委員会で猛反発した漁連側もこの決定を渋々承諾し、解決に向けた歩みはスローダウンした。

ある委員は自分に言い聞かせるように言った。

「漁民のことを思えば事前調査は一年なんて悠長なことを言っていられないんだが……。諫早湾だけでなく、有明海全体の環境を回復させるために政府もこれまでの態度を反省し、本腰を入れてほしい。私たち委員の責任も重い」

二十一世紀型の開発とは

有明海が緊迫していたころ、琵琶湖である検討が進められていた。

三月二十日、滋賀県近江八幡市役所で「津田内湖復元研究会」が開かれた。委員長は、滋賀県立琵琶湖博物館館長の川那部浩哉京都大名誉教授。水や地質などの専門家、さらに土地改良区の理事長を集め、干拓してしまった内湖の復元のあり方を検討している。

川端五兵衛市長があいさつした。

「これからの開発を見つめ直す必要がある。開発を別の手法でやるべきではないか。これからの開発はリバーシブル・ディベロップメント（後戻り可能な開発）でありたい。途中でダメとなってもさっと戻せる開発の手法が必要だ。その見本を津田内湖でやったらと考えた。農水省は干拓地に水を入れたからと言って敗北宣言しなくてもいい。二十一世紀型の開発をやりたい」

市長の脳裏には有明海のノリ騒動が焼き付いている。地元が真っ二つに割れ、農水省は干拓事業が影響を受けることを恐れている。事業が遂行できれば同省の「勝ち」、見直しなら「負け」という役所の論理が見直しを渋らせ、問題の解決を難しくしている。

事業の見直しといえば農水省は反対するだろう。だが、「環境復元」を新たな公共事業ととらえ、積極的な価値を与えれば……。これが市長の考えだ。

八人の委員が出席し実験方法について突っ込んだ意見が交わされた。

「栄養塩の混じった水を川から入れるとアオコがわかないか。水草が生えるかどうか見たい」

「十五年先を考えるなら全部水につけたらどうか。雄大な実験は雄大な工事でもある」

「でも、水を張った時に、できる限りマイナス面がない方がいい」

「かなり悪い状態でもこの程度でしかないということを実験で示したい。その方が農水省を説得できる」

結論はでなかったが、干拓地の一部分に水を導き、水質の汚れ具合や水草が生えるかどうかなどを調べることで合意した。

農地にこれまでさまざまな農薬が投入された。市が六か所で農家に聞き取り調査したところ、最近に限っても多い地点で十一の農薬を使っていた。水につけたら農薬が溶け出して生物に悪影響を与えないか。水の流れをどう管理するか――。実現に向けて課題を一つひとつ克服していくことになる。

川那部委員長は、「これまで国や滋賀県に内湖の重要性を語ってきたので市の取り組みを評価したい。いまは、水を入れた復元は幾つかの選択肢の一つにすぎないが、開発でこれだけ内湖が減ってしまったいま、内湖機能の再生は重要な課題だ」と話す。

畑作に適しない干拓地

内湖は琵琶湖と水路や川でつながりを持ち、ヨシが繁茂し、ニゴロブナ、モロコ、カイツブリなどが生息する貴重な生態系を作ってきた。しかし、次々と埋め立てられ、この半世紀で三十七から二十三に減少、面積も四百三十ヘクタールと昔の七分の一である。

津田内湖もその一つだ。水田の造成を目的に一九五二年に公有水面埋め立ての許可を得て、六七年から約百ヘクタールの国営干拓事業が始まった。ところが、米余りで農水省は六九年に新たな水田開発をやめる方針を打ち出した。翌年、干拓の途中で畑作への転換が決まった。

しかし、稲作用の干拓地を畑作に転換するとさまざまな問題が噴出した。前出幸久・津田内湖土地改良区理事長は振り返る。

「例えば、水田なら大雨で水につかっても四十八時間以内に揚水すれば大丈夫と言われ、排水路もポンプの造りもそうなっていた。でも畑はいったん水につかったら終わりだ。大型のポンプ施設を設置したが、細い排水路では水が思うように吸えず役に立たなかった。盛り土をせず自然に干上がるのを待ったので土に足を踏み入れると腰までつかった」

ようやく完成すると、今度は連作障害という新たな難問が立ちふさがった。レンコン・ビール麦・イチジク・キャベツ・カブラ・大豆……。数年たつとレンコンは赤茶けて商品価値がなくなり、他の作物もみるみる収量が落ちた。内湖にはヨシや水草が堆積し、それが底泥になっている。乾燥させると軽くて燃え、地力がない。そんな状況に困った農民たちが米のヤミ栽培に走ったこともあった。

リゾート計画も雲散霧消

幸運に見放された干拓地がいっとき好景気にわいた。リゾート法による地域指定である。九〇年に近江八幡市の琵琶湖周辺が「琵琶湖リゾートネックレス構想」の重点整備地区に指定され、干拓地とその周辺で農業公園とゴルフ場、マリーナを造る計画が進められた。

西洋環境開発が進出する話が持ち上がり、十アール当たり八百万円の値段がついた。だが、バブルの崩壊で計画は頓挫、今度は野菜工場の誘致話が持ち上がる。しかしこれも九八年に玉田盛二市長（当時）が土地売買を巡り不動産業者から収賄事件を起こしてあっけなく崩壊した。

干拓地を眺めると、湖岸に近い地域にはビニールハウスが点在し、イチゴ・キクナ・シシトウなどが栽培されている。奥の方はレンコン畑と牧草地。すき間を埋めるように青い麦畑が広がる。

でも、農民の一人は言った。

「ほら、ここもあそこも。大中の湖の農家にみんな土地を貸してるんだよ。高齢化が進んで平均年齢は七十歳。後を継ごうなんてひと、いないよ」。産廃業者に頼まれて産廃を埋め立てた農家も数軒、汚染土壌は十ヘクタールにのぼると聞いた。

前出理事長の話だと、そばを流れる八幡川の浚渫土砂を受け入れ、それで盛土し、受け入れによる料金収入で排水路を整備しているという。約八十ヘクタールの干拓地のうちかさ上げした二十五ヘクタール分は営農の意志があるが、湖に近い五十ヘクタール分は農地を売ってもいいと思っている人たちだという。

「補償してもらえることが前提だが、復元に反対の人はいない」と前出理事長は言う。規模は小さいながら、ここにも諫早湾と同じような歩みがあった。

市民が支える復元計画

「内湖や運動のことがよくわかりました。津田内湖を復活させたいという気がわかりました」（男子）

「内湖が琵琶湖をきれいにしていることを知って驚きました」（女子）

「地球をきれいにするにはどうしたらいいか、今後の学習で深めていきたいと思います」（女子）

鉄工所を父と営む船橋勘一郎が中学校の授業に講師で招かれ、子どもたちの前で津田内湖の話をしたのは二〇〇〇年十一月のことである。「環境権を勉強しているので内湖の話を」と教員から頼まれた。

反応は上々で子どもたちからたくさんの手紙がきた。

「僕もそうですが、畑になる前がどうだったか知っている人は少ない。興味深く聞いてくれた」と話す船橋は近江八幡青年会議所（ＪＣ）の理事長だった。

九七年に滋賀県立大学の学生たちが「干拓地を内湖に戻したらどうか」と提言したり、九九年に淡海環境保全財団の花房義彰副理事長がホームページで「水面を渡る風がヨシを揺らし、その中で多くの命が生まれる。想像するだけで楽しいではありませんか」と復元を呼びかけたりした。それに川端市長が賛同し、「津田内湖復元研究会」を設置して可能性を探り始めた。もう一つの課題は、世論の盛り上げだった。

二〇〇〇年二月、他団体の代表者らと一緒に船橋は市長と話し合う機会があった。市長が切り出した。

「津田内湖を復元できないかと考えている。市で研究会を立ち上げるが、市民レベルでも一度考えてもらえませんか」

「なんだか雲をつかむような話だが、面白い」

夏、JCや津田内湖土地改良区、八幡堀を守る会など十四団体や個人二百七十人で「津田内湖を考える市民会議」（中村芳雄会長）が発足した。パンフレットを作ったり、シンポジウムを開いたり、賛同の輪が広がった。

近江八幡市にはかつて八幡堀の浄化と再生に成功したお手本がある。八幡堀は、琵琶湖から市内を通ってまた琵琶湖に抜ける人工の川で全長四・六キロ。約四百年前に豊臣秀次が八幡城を築いた時に造られた。米・酒・ミソ・木材を大阪や敦賀に運ぶ大動脈で、近江商人の発展を支えた。

しかし、一九七一年、琵琶湖総合開発計画の中で八幡堀の埋め立て計画が打ち出され、市民らがどぶ川と化した八幡堀の浄化と保存を求めて立ち上がった。自ら浄化に取り組み、専門家の協力を得て代替案を提示した。それを県や国が採用し、けんかもせず一緒に取り組んだ。のちに北海道の小樽運河など各地で保存運動が活発化するが、その先駆けとなった。

その時、ＪＣの理事長として活躍したのがいまの川端市長だった。

市長は著書『まちづくりはノーサイド』でこう語っている。

「まちづくりとは結局、その町の持つ魂の部分を伝えるためにふさわしい環境づくりをすることであり、それは、自分たちから次の世代に対する共感をこめたメッセージではないだろうか」

こうも述べている。

「明日を生きる私たちの子供が二一世紀を迎えるのは、二十代、三十代の働き盛りである。その時前の世代のまちづくり構想を、彼らがどのような思いで受け取るか気になるところである。だからといって二一世紀をにらんだ構想をたてようというのではない。あさって——つまり二十二世紀に思いを馳せ、そしてゆっくりと振り返ったところに居る彼らの時代をとらえる。これからのまちづくりを考える時、何よりもその視点とスタンスを大切にしてゆきたい」

船橋もいう。

「水を引いたから昔のままになるとは思えないが、水の浄化をしながら市民が内湖とかかわれればいい。それで環境を考えたり、教えたりする第一歩にしたい」

八幡堀を守る会の西村恵美子事務局長は、「津田内湖から八幡堀に水路を通したい。でもみんなが浄化に取り組まないとかつての八幡堀のように泥水になってしまう。水の大切さを訴えたい」と語る。

県もかつて復元を検討

琵琶湖の環境保全を巡って建設省・農水省・環境庁・国土庁など六省庁が九九年に「琵琶湖の総合的な保全のための計画調査報告書」をまとめた。それをもとに二〇〇〇年三月、県は「マザーレイク21計画　琵琶湖総合保全整備計画」を策定した。

国の報告書作りには川那部委員長も参加した。内湖の保全や復元を説いた結果、「内湖は日本では琵琶湖のみに存在するといわれている極めて重要な推移帯であり、その生態的機能、景観等の再生を目指す」と明記された。

21計画も二〇一〇年までに内湖保全管理計画を作るとしている。県は二〇〇一年度から守山市の木浜内湖・草津市の平湖・柳平湖で三年かけて浄化能力などの調査を始める。考え方や取り組む姿勢は県も市も同じだ。市はこの計画に復元事業を位置づけてほしいと願っている。

ところが、なぜか県は消極的だ。水政課の円水成行管理監は、「まずは県が作った計画をしっかりやりたい。計画性のないことを一気にやってしまうのは……」。市の研究会は「取り返しのつかない事態のないように実験し、慎重に調査、予測する」（川那部委員長）というから、県の心配は取り越し苦労のようにも思える。

かつて県庁内部でこんなことがあったという。琵琶湖総合開発の事業の策定を巡って、県水産部局内で漁業の生き残り策を考える中で津田内湖と早崎内湖の復元策が検討された。しかし、この提言は採用されず、日の目を見ることはなかった。県が、内湖の復元を避けるのは、復元を検討しながら自ら断念したという事情が手伝っているのかもしれない。

山下弘文氏のゴールドマン賞授賞を記念して立てられた「干潟再生祈りの鐘」

また、県庁内で干拓地を所

管する部局との関係もある。市の復元の取り組みが新聞に出ると、県の出先機関の職員が市役所に電話した。「何ということをしてくれるんだ」。環境の世紀、地方分権の時代といっても、農業の部局は農水省の顔色をうかがって仕事をしている。染みついた行動パターンはそう簡単には変わらない。

津田内湖の歴史を見ると、諫早干拓事業の将来を暗示しているように思えてならない。米作から畑作への転換、営農の苦労と畑作の放棄、リゾート構想の破綻、そして、復元の動き……。

水門の開放は決まっても、その先に何があるのかはわからない。しかも肝心の埋め立て工事は続行される。漁民の不信感は強く、官僚たちが結論を先のばしするだけ、破滅に向けてスピードを増しているように見える。

Last File

アイヒマンと水俣病事件
――あとがきにかえて

アトランダムに並んだ七つの話から、読者はどう感じられただろうか。

柳川喜郎御嵩町長の自宅を盗聴した右翼や、うそをついて廃棄物をフィリピンに輸出した産廃業者は最初から違法を承知で行っており、根っからの「ワル」でもある。収賄容疑で逮捕された和歌山県の保健所職員は金の誘惑から人生を破綻させた。遅すぎたとはいえ、最終的には国家権力が介入し、彼らは逮捕された。わかりやすい「環境犯罪」である。

この手の人びとにはこれまでずいぶん会った。御嵩町長の襲撃事件で写真週刊誌に依頼されて町長に会いにきた元暴力団組員の自称ジャーナリストは、取材に絡んで恐喝まがいの威嚇をしてきたし、不法投棄の取材をしていて処分場で捕らわれそうになったこともある。でも、この世界はまだ手をうちやすいともいえる。

こうした犯罪を許す背景には、法的な整備が十分にされていないことがある。栃木県の産廃の不法投棄では何をもって廃棄物というのか明確な基準があれば、廃プラスチックを有価物と言い逃れされることもなかったことだろう。豊島の不法投棄以来、同じような手口の犯罪が後を絶たない。

地下水汚染では、企業が調査をして住民や自治体に情報を公開することを法律で義務づけていないからどこも隠そうとする。法律できちんと義務づけ、環境汚染を防いだり、率先して浄化すれば経済的にも得するような仕組みにすれば、解決への大きな道筋となるだろう。

しかし、その背後にやっかいな問題がある。組織のなかで一人ひとりが忠実に仕事をしながら、結果的に「環境犯罪」といえるような状況を引き起こしている構造である。

例えば東芝社内で地下水汚染がわかった時、技術者たちは上司の命令でどうすれば周辺住民に知られないかと頭を痛めた。社会と隔絶されたところで、ひそかに安あがりの浄化方法を検討してはいるが、そこに住民を思いやる気持ちはみじんもなかった。もし、自治体に真実を伝え、住民に説明会を開くよう上司に直言すれば左遷されると、担当者は恐れたのかもしれない。あるいは、そんなことは眼中になかったのかもしれない。

水俣病認定をめぐる裁決書隠しも、諫早湾干潟の埋め立て事業による環境と漁業の破壊も、旭丘高校の解体も、いずれも所属する組織の論理を優先し、いったん決まれば、それがまちがっていると知りながら容易に変えようとしない官僚の習性から起きている。

一人ひとりはきまじめで善良な人で、悪辣な人間なんかではない。しかし、組織の歯車になると、それが結果的に悪辣で残虐な結果をもたらすことがある。そして、「自分の行動は間違ってなかった」と言い張っていることが多くはないだろうか。

かつて水俣病事件の取材で会ったチッソ水俣工場の元社員、岡本達明元第一組合委員長から「水俣病事件を理解するために」と勧められたのが、ハンナ・アーレントの『イェルサレムの

アイヒマン　悪の陳腐さについての報告』だった。岡本は水俣病事件と水俣民衆史をライフワークにし、立派な業績をあげている研究者でもある。

ナチスによるユダヤ人の大虐殺はどうして起きたのか。極悪非道、悪の権化のような人間がやったのか。アーレントは、アルゼンチンでイスラエルの秘密警察に捕まり、エルサレムの法廷に立たされたナチスの親衛隊中佐、アドルフ・アイヒマンに注目し、傍聴した。

彼女はこう観察している。

「中背で、痩せて、中年で、額が禿げ上がり、歯並びの悪い、近視の男、裁判中ずっとその痩せこけた首を判事席のほうに伸ばしたまま、(ただの一度も彼は傍聴席に顔を向けなかった)、裁判の始まるずっと前から口もとに神経的な痙攣が起こっていたにもかかわらず、自制を失うまいと必死の努力をし、しかも大体それに成功していた男」

その男は、上司の指示に忠実に従う、あなたのまわりにもいる凡庸な順応主義者だった。

「アイヒマンが人非人であると考えれば実際は非常に簡単になるということを知っていた。……アイヒマンという人物の厄介なところはまさに、実に多くの人々が彼に似ていたし、しかもその多くの者が倒錯してもいず、サディストでもなく、恐ろしいほどノーマルだった」

アーレントに触発されて書かれた『不服従を讃えて』(ロニー・ブローマン、エイアル・シバン)に、法廷での検事長とアイヒマンのやりとりがある。

ハウスナー検事長「あなたは完全に受動的だった、ということですか」
アイヒマン「受動的、というわけではありません。私はさっき述べたようなことをしたのです。つまり、するようにと命じられたことに従い、実行したのです」
ハウスナー検事長「でも、その命令はすでに与えられていたものだったのでしょう」
アイヒマン「（前略）ヒムラーは命令を休みなく出し続けたので、関わりのあった百ほどの部局は、多かれ少なかれ、仕事を分担しなければならなかった。私はといえば、そうしたことを全てのなかに捕らわれて、不幸でした。これら全ての措置の結果として、私は命令に従わなければならなかった。それを否定したこともないし、今も否定しません」
アイヒマン「当時の私は……。ともかく、私は命令を受けたのです」
アイヒマン「ですから、私は心の底では責任があるとは感じていません。あらゆる責任から免除されていると感じていました。肉体的な抹殺の現実と何の関係もなくて、本当にほっとしていました。私は担当を命じられた仕事で、非常に忙しかった。私は課におけるオフィスワークに合っていたし、命令に従って義務を果たした。そして、義務を果たさなかったと非難されたことは一度もない。今日でもなお、私はそれを言っておかねばなりません」
　官僚組織の歯車の一員でしかない凡庸な男は、当然のことながら殺戮の責任をとって死刑を宣告された。戦争責任をめぐる「一億総ざんげ」のように、責任の所在をあいまいにすることを警戒しながらも、やはり、「もし、アイヒマンがあなただったら、そして私だったら」と、思う。

これは水俣病事件にもぴったりあてはまる。

熊本大学の研究班が工場廃水による有機水銀説を打ち出し、チッソが窮地に立たされていた一九五九年。通産省から経済企画庁に出向し、水質規制を担当していた元通産官僚は、九七年、水俣病関西訴訟で大阪高裁の法廷に証人として立った。

水質二法で水俣湾を指定し、排水規制するための部会をなぜ設置しなかったのか、あなたが担当だったのでは、と、尋ねられた。

「……まあ、小役人の心情を申し上げたんで、かなわんなーということはありました。しり込みとまでは言いませんけれども、ない方がありがたいなという、そういう気持ち、それはわからんですか、仕事してて」

「消極的な態度だったと聞いてよろしいですな」

「消極的とか、そんなんじゃないですよ、やれと言えばやりますよ。だけど、自然になくなったらいいなとは思ってましたと、こういうことですよ」

「あなたは水俣の現地に何回か行かれましたか」

「一回も行ってません」

この官僚は、五九年暮れに開かれた学者と化学業界との座談会に出た。当時、熊本大の有機水銀説を潰すために動き回っていた清浦雷作東京工業大教授とのやりとりが専門誌に記載されている。

清浦が自説を開陳した後、こう言った。

「工場廃水側（チッソのこと）を弁護した形になったが、（熊大に）もう一度白紙に返して研究願いたいということです」

官僚「清浦先生のお話、私個人としては元気がでました。（熊大が）厚生大臣に出した有機水銀説に一般の世論がある。調査をする前にあたって色のついた結論が出ていることは具合が悪い。白紙になって調査をしたい。私個人としては元気づけられました」

座談会の三週間後、年を越せなくなり生きるか死ぬかの瀬戸際に立たされていた患者家族が会社と交渉し、熊本県の斡旋で死者一人三十万円の見舞金契約が結ばれた。のちにこの契約は裁判所から「公序良俗に反する」と無効とされた。そんな時期にこの官僚は「元気が出ました」と答えている。

法廷で「元気がでました」と言ったことの真意を尋ねられた元官僚は、「清浦先生は水質審議会の委員で偉い人なんですよ。彼がこういう発言をしたので、『そんなことないよ』とも言えんし、何というのかな、ちょっとよいしょが過ぎたという感じはしますね」とさらりと述べた。いずれも官僚の気持や行動様式を素直に述べている。

かつて私は、通産省の元工業用水課長を訪ねたことがある。この元官僚は、「当時は水俣病の原因は科学的に解明されていなかったので廃水規制できなかったのは仕方がなかった」と述べた。「局長に廃水を止めるよう進言できなかったのですか」と聞くと、「そんな偉い人にひら課長が意見できるわけがない」と否定した。

「いまから振り返って、課長としての判断と行動は、それでも正しかったと思いますか」。そう尋ねると、しばらく黙りこくった。丸めた体をもっと縮め、振り絞るように言った。「もうしゃべりたくない」。

水俣病の数多くの裁判記録に目を通すと、官僚とチッソ幹部が与えられた仕事にいかに真面目に取り組み、全うしたかという証言がふんだんに出てくる。その後の人生に幾分の差はあっても、ほぼ全員が退職後、組織に再就職先を世話してもらっている。墓場まで組織におんぶにだっこ状態なのである。

それに比べて、北野博一も橋本道夫も「異端」の人だった。

新潟県衛生部長だった北野は栄転の人事を蹴ったし、橋本も環境庁の大気保全局長を最後に官僚生活に別れを告げると、官僚組織の世話にならず、大学教授の口を勝手に見つけた。どちらも組織にあって自由人だった。

北野も関西訴訟の証人になったことがある。

科学的な因果関係が明確にならないと行政は手を下せないという考え方について尋ねられ、北野はこう答えた。

「ある程度予防的手段を講じる必要はあると思います。だけど、逆に言えば、生産が止まるわけですから、そこら辺のバランスを、人命と企業の利益とをどういうふうに計りにかけるのかという、その辺は価値観の差じゃないかと私は思うんです。そういう意味での人命を預かる衛生行政担当者としては、何とか早く情報が流れてこなかったのかと痛切にそれを思い、残念に思うし、私自身の勉強不足についても反省するわけです」

「はっきりした、決められた物差しはないと思います。やっぱり考えには個人的な差があると思います」

アイヒマンの提起した問題に、独りで判断し、立ち向かうしかないと北野は言うのである。

チッソはどうか。

細川一博士が工場廃水を与えて発症させたネコ四百号実験について、当時の工場技術部次長は、「もっとはっきりしてから載せましょう」と細川を説得し、公にするのを止めた。そして工場長から有機水銀説に対抗するために作成を命じられた熊大への反論書に、「工場廃水及び泥土を経口投与する動物実験でも発症させえないことがわかっている」とウソを書いた。

元工場長と元社長が刑事責任を問われた裁判の公判で、検事に四百号実験との食い違いを質されたこの幹部は、「現在から見れば非常に不注意であったと思います」と述べた。この幹部は、検察庁の供述調書では、細川から四百号の実験結果を聞いて「これが会社にとって重大な結果をもたらし、このようなものはとても出せない」と、嘘の反論書を書いたと供述していた。

でも、公判では会社のために苦しい言い訳を重ねた。

「不注意といってもあなた自ら執筆したんですよ。鉛筆が勝手に走ったというわけじゃないでしょう」

「そこの記憶が朦朧としているんです。もし、工場に原因があるならば、自分らの手で原因を探索したいと、そしておわびしたいという、だから早くやろうというふうに色々のあらゆる実験をやったわけなんですが、会社に不利だから隠そうとか、そういう気持ちはございません」

チッソ専務の入江寛二が書き残し、後に家宅捜索で没収され、証拠とされたノートを読むと、刑事被告人となった西田元工場長に責任の大半を負わせるような記述にぶつかる。そして、入江はじめ工場長の下にいた者の責任にはまるで触れられていない。責任は西田にあり、自分も含めた会社組織はその被害者だという構図がそこからうかがわれる。

だから、裁判ではチッソに不利な証言をさせないために、つまり自分が歯車の一員である組織を守るために入江は細川一博士の自宅に通いつめたのである。そのもくろみは細川に見抜かれ、結局、失敗に終わる。

その対極に細川はいた。細川の愛読書にイプセンの『民衆の敵』がある。

ストーリーはこうだ。主人公の医師が、温泉町に発生した伝染病の原因を工場廃水だと知る。町長は発言を禁じるが、医師は集会で暴露し、町民から「民衆の敵」と呼ばれる。でも医師は「最大の強者は、世界にただ独り立つ人間である」と言って、町にとどまる。

細川は、会社に忠誠を誓う気持ちと、「生命尊重を第一義とする小生の立場」（細川）のはざまで、身を割かれるような思いをしていた。そして死を前に裁判の証言に立ち、患者たちを一気に勝訴にたぐり寄せた。

患者の支援活動にかかわり、細川という人間を追い続ける有馬澄雄はこう洞察している。

「細川という人物は、もし、水俣病の研究、裁判の証言がなければ、われわれの記憶に残る人物であろうか。おそらく私たちに縁のない人物であろう。水俣病に遭遇して、目の前になすべき仕事（事件）があり、そのことが避けて通れない場合、われわれは自分の職分を通してどのように義務を果たしていくべきか、その遂行にいかなる困難が考えられるかについて、細川の後半生の人生はいろんな示唆に富む。ある意味でごく平凡な人であり、患者以外のわれわれの生き方、問題の取り上げかたを教えてくれる」

「細川は意図せずして、現代科学技術の位置づけ、化学毒物・薬物に対する考え方、文明と生命の問題などとかかわらざるを得なかった。第三世界の問題、現代の地球環境問題や人間の生命に向き合う視点を考えさせるのではないか」

「安賃闘争」を経て「恥宣言」に至る第一組合の軌跡もまた、アイヒマン的存在から訣別する過程であったと言えよう。

患者への補償金の支払いで経営危機に陥ったチッソに、二〇〇〇年一月、国は一般会計による補助金も含めた支援策をまとめた。将来にわたり計一千億円もの公金がチッソに流れる。東京のチッソ本社で会見した後藤舜吉社長は、「分社化を提案したのに国が受け入れてくれなかった」と不満を口にした。税金で救済されることに申し訳ないという恥じらいと感謝の言葉はなかった。「恥宣言」をまとめた岡本元委員長と同じ東大から同期入社し、社長の座にのぼりつめた後藤は、自民党を回り、政治家のパーティーにも小まめに顔を出して手厚い保護を求めた。環境庁の首脳は「政商そのもの。税金で救済されるのが当然と思っている。患者さんに対して責任があるということをもっと自覚してほしい」と、感想を漏らした。

「被害者を救済するためにもチッソは倒せない」。公式発見から四十年以上がたち、患者を盾にしたチッソはいつしか被害者の立場におさまっていた。ある意味でそれは当然だった。元社長と元工場長が責任をかぶっただけで、自らを顧みたことが一度もなかったのだから。

チッソに見るこの国の社会システムは、脈々と生き続けている。

しかし、二十一世紀を迎え、企業の終身雇用システムが崩れ、官僚支配の体制に亀裂が入りつつある。自立した独りの市民としてどう判断し、行動するかが問われる時代である。そうした行動が広がらない限り、「環境犯罪」はなくならないし、それを許す土壌もまた変わらない、と私は思う。

なお、文中に出てくる肩書は取材当時とし、敬称は略した。この本の大半は書きおろしだが、過去に書いた新聞の連載記事、雑誌に寄稿したレポートなども一部引用・加筆し、再構成した。

出版するに際し、今回も風媒社の稲垣喜代志代表と劉永昇氏にお世話になった。取材では朝日新聞栃木支局の北島重司次長、同岐阜支局の鈴木英美次長はじめ同僚記者の協力もいただいた。名前はいちいちあげないが、インタビューに応じていただいた多数の方々に感謝したい。

〈参考・引用文献など〉
●第1話
御嵩町長宅盗聴事件にかかわる刑事事件記録
ドキュメント住民投票（朝日新聞名古屋社会部、風媒社）
官僚とダイオキシン（杉本裕明、風媒社）
町長襲撃（朝日新聞名古屋社会部、風媒社）
●第2話
環境庁Y氏の行政不服審査請求についての調査報告（環境庁環境保健部）
負の誕生（杉本裕明、朝日新聞社、「豊かさの中で」収録）
私史環境行政（橋本道夫、朝日新聞社）
新潟水俣病の三十年（坂東克彦、NHK出版）
水俣病事件資料集（水俣病研究会、葦書房）
水俣病刑事事件記録
水俣病裁判記録
●第3話
官僚とダイオキシン（杉本裕明、風媒社）
日本工業所の贈収賄事件にかかわる刑事事件記録
和歌山県発表資料
産廃処理場を撤去させる会産廃ニュースなど
●第4話
ニッソー事件裁判の冒頭陳述書など
有害ゴミの国際ビジネス（ビル・モイヤーズ、技術と人間）
町長襲撃（朝日新聞名古屋社会部、風媒社）
朝日新聞栃木県版（2000年3月2日付など）
インダスト（全国産廃連合会）
●第5話
東芝愛知工場名古屋分工場地下水汚染の名古屋市発表資料
『晨』1999年7月、地下水・土壌汚染対策はどこまで進んだのか（杉本裕明、ぎょうせい）
『晨』1998年11月、地下水汚染問題をどう解決するか（杉本裕明、ぎょうせい）
水俣病問題の十五年　その実相を追って（チッソ株式会社）
水俣病事件と法（富樫貞夫、石風社）
水俣病の政治経済学（深井純一、勁草書房）

水俣病刑事事件記録
水俣病裁判記録
廃棄物と汚染の政治経済学（吉田文和、岩波書店）
●第6話
工事差し止め請求にかかわる裁判資料
学校建築物の再生を考える会資料
玉名高校同窓会ホームページ
日本の近代化遺産（伊東孝、岩波書店）
『建築ジャーナル』２０００年5月号
文化庁資料
●第7話
『グリーンパワー』２０００年12月号、諫早湾干潟のその後（杉本裕明、森林文化協会）
『ガバナンス』２００1年5月号、二十一世紀型の開発に挑む（杉本裕明、ぎょうせい）
諫早干潟の再生と賢明な利用（諫早干潟緊急救済本部）
環境破壊に抗して（山下弘文、あど印刷）
だれが干潟を守ったか（同、農文協）
諫早湾ムツゴロウ騒動記（同、南方新社）
海を売った人びと（日本湿地ネットワーク、南方新社）
農水省有明海ノリ不作等対策関係調査検討委員会資料
市民による諫早干拓「時のアセス」（諫早干潟緊急救済東京事務所）
まちづくりはノーサイド（川端五兵衛、ぎょうせい）
朝日新聞西部本社版（２００1年1月26日夕刊、同30日朝刊など）
●終話
イェルサレムのアイヒマン　悪の陳腐さについての報告（ハンナ・アーレント、みすず書房）
不服従を讃えて（ロニー・ブローマン、エイアル・シバン、産業図書）
ナチ・エリート（山口定、中央公論社）
負の誕生（杉本裕明、朝日新聞社、「豊かさの中で」収録）
細川一と水俣病事件（有馬澄雄）
文芸春秋１９６8年12月号（今だからいう水俣病の真実、細川一）
水俣・もう一つのカルテ（原田正純、新曜社）
水俣病事件記録
水俣病関西訴訟裁判記録

［著者紹介］
杉本　裕明（すぎもと・ひろあき）
滋賀県生まれ。1980年朝日新聞に入社。北海道支社報道部、名古屋本社社会部などをへて東京本社社会部、企画報道室くらし編集部で環境問題を担当。2001年１月から総合研究センター主任研究員（環境問題担当）兼務。著書に「官僚とダイオキシン　ごみとダイオキシンをめぐる権力構造」（風媒社）、「塗り変えられた高校地図」（学書）、共著に「ドキュメント住民投票」（朝日新聞名古屋社会部、風媒社）、「町長襲撃」（同）、「ドキュメント官官接待」（同）、「私たちが変わる、私たちが変える」（リサイクル文化社）など。

環境犯罪　七つの事件簿《ファイル》から

2001年８月10日　第１刷発行　　（定価はカバーに表示してあります）

著　者　杉　本　裕　明
発行者　稲　垣　喜代志

発行所　名古屋市中区上前津2-9-14　久野ビル　振替00880-5-5616　電話052-331-0008　風媒社

乱丁・落丁本はお取り替えいたします。
ISBN 4-8331-1056-3

＊印刷・製本／大阪書籍
装幀／夫馬デザイン事務所